Typenkompass

Dampfloks in der Schweiz

seit 1847

Cyrill Seifert

Einbandgestaltung: Sven Rauert
Fotos (5): C. Seifert

Bildnachweis:
Die zur Illustration dieses Buches verwendeten Aufnahmen stammen – wenn nichts anderes vermerkt ist – vom Verfasser.

Eine Haftung des Autors oder des Verlages und seiner Beauftragten für Personen-, Sach- und Vermögensschäden ist ausgeschlossen.

ISBN 978-3-613-71583-7

Copyright © 2019 by transpress Verlag, Postfach 10 37 43, 70032 Stuttgart.
Ein Unternehmen der Paul Pietsch Verlage GmbH & Co. KG

1. Auflage 2019

Sie finden uns im Internet unter www.transpress.de

Lektor: Hartmut Lange
Innengestaltung: Jürgen Knopf
Repro: Medien und Printprodukte, 74321 Bietigheim
Druck und Bindung: F&W Druck- und Mediencenter GmbH, 83361 Kienberg
Printed in Germany

Auch in der heutigen Zeit der Hochgeschwindigkeitszüge haben die Dampflokomotiven noch nicht komplett ausgedient. Für diverse Anlässe werden sie immer wieder mal gerne angeheizt, dem Publikum gezeigt oder sie sind mit passendem Rollmaterial unterwegs. Die Vielfalt an Dampflokomotiven in der Schweiz ist größer als manch einer denkt. Auch wenn schon sehr früh mit der Elektrifizierung begonnen wurde, hat bis heute eine beachtliche Anzahl von Dampflokomotiven in der Schweiz überlebt. Darunter hat es Fahrzeuge, welche in großer Stückzahl gebaut wurden, ebenso Einzelstücke sowie Fahrzeuge von sehr großem, historischem Wert. Auch Dampflokomotiven aus dem Ausland finden sich in der Schweiz, sei es aus Deutschland, Frankreich oder gar Polen. Jede in der Schweiz existierende Dampflok sämtlicher Bahnen und aller Spurweiten, von den größten Maschinen aus Bulgarien und Frankreich bis zur kleinsten Parkbahn-Dampflok, ist hier vorgestellt, abgebildet und beschrieben.

Cyrill Seifert, Effretikon

Inhalt

1. Normalspurdampfloks

2. Schmalspurdampfloks

Der Dampfbetrieb in der Schweiz

Man schrieb das Jahr 1847, als die Schweiz ihre erste, eigene Eisenbahn von Zürich nach Baden erhielt. Rasch wurde dieses damals moderne Verkehrsmittel in der Schweiz ausgebaut und die ersten Bahngesellschaften wurden gegründet. Die bekanntesten davon sind z.B. die Nordostbahn, die Jura – Simplon – Bahn, die Gotthardbahn, die Schweizerische Central-

bahn etc. 1871 kamen Europas erste Zahnradbahnen in Betrieb, die private Steinbruchbahn in Ostermundigen und die Bahn von Vitznau am Vierwaldstättersee auf die Rigi. Damit war auch der Grundstein für viele weitere Bahnen aller Art gesetzt. 1902 fusionierten die zahlreichen, sogenannten Vorgängerbahnen zu der heutigen SBB, den Schweizerischen Bundesbahnen. Auch diverse Privatbahnen setzten auf die Dampftraktion, andere Linien wurden schon seit Eröffnung mit elektrischer Traktion betrieben, sei es Wechsel-, Gleich- oder Drehstrom oder gar mit seitlicher Stromschiene. Im Gegenteil zu anderen Staaten in Europa und auf anderen Kontinenten begann die Elektrifizierung in der Schweiz schon sehr früh. Nach Abschluss der Elektrifizierung des Bahnnetzes der Bundesbahn und den zuvor mit Dampftraktion betriebenen Privatbahnen übernahmen elektrische Lokomotiven und Triebwagen die Hauptlast des Personen- und Güterverkehrs und machten die heute umso mehr beliebten »Dampfrösser« weitgehend arbeitslos. Doch selbstverständlich hieß das nicht immer gleich

Abbruch. Viele der Dampflokomotiven konnten sich bei Firmen oder im Ausland nützlich machen, andere wurden in die Reserve oder in den Rangierdienst verdrängt. Doch im Laufe der Zeit lichtete sich der Bestand an Dampflokomotiven immer mehr und sie wurden immer rarer. Schon in den dreißiger oder vierziger Jahren kamen für den Rangierdienst neue, zugkräftigere Diesel- und dieselelektrische Rangiertraktoren zum Einsatz, welche im Betrieb und Unterhalt weniger aufwendiger und vor allem günstiger waren. Da auch diese Flotte ständig modernisiert wurde, konnte dann irgendwann doch auf die Dampflokomotiven verzichtet werden und Mitte der Sechziger Jahre war dann Schluss. Da aber Dampfloks nicht nur hierzulande, sondern auch weltweit ihre große Fangemeinschaft hat, wurden schon Mitte des letzten Jahrhunderts der historische Wert vieler Lokomotiven erkannt und so manche alte Schönheit konnte vor dem Alteisen gerettet werden. Es wurden Vereine, Gruppen und Museumsbahnen gegründet, welche sich liebevoll und mit großem Aufwand um die wertvollen Zeitzeugen der Schweizer Bahnwelt gekümmert haben und mitverantwortlich sind, dass es heute in der Schweiz doch noch eine große Anzahl und Typenvielfalt an Dampfloks gibt. Viele Vereine und Museumsbahnen haben in mühevoller Arbeit Dampfloks restauriert und setzen sie regelmäßig vor Extrazügen und an Jubiläen oder Fahrzeugtreffen ein. Auch die SBB erkannte den Wert ihrer technischen Vergangenheit und rief die Stiftung SBB Historic ins Leben. So konnten von den wichtigsten Baureihen je eines oder mehrere Exemplare bis in die heutige Zeit überleben. Weit über die Landesgrenzen hinaus bekannte Vereine oder Museumsbahnen wie die BC, der VVT, der DVZO, der DFB u.v.a. setzen sich für eine lebendige Eisenbahngeschichte in der Schweiz ein. Auch ihnen ist es zu verdanken, dass in der heutigen, modernen Zeit noch eine stattliche Anzahl von Dampflokomotiven erhalten

und auch betriebsfähig geblieben sind. Auch bei Privatbahnen und teilweise sogar bei Firmen haben Dampfloks noch lange in Betrieb gestanden. Einige Privatbahnen bieten heute noch regelmäßige, öffentliche Dampffahrten an, die immer wieder bei Groß und Klein Anklang finden. Das 1959 gegründete Verkehrshaus der Schweiz in Luzern besitzt eine sehenswerte und historisch wertvolle Sammlung an Dampf- und auch Elektrolokomotiven. Auch diverse Privatpersonen haben eine oder mehrere Dampfloks in ihrem Besitz, einige davon sind sogar betriebsfähig. Andere Lokomotiven fanden ihren Lebensabend auf einem Denkmalsockel und sollen an vergangene Zeiten erinnern.

Schweizer Dampfloks, ausländische Dampfloks
Unbestritten die Nummer Eins im Schweizer Lokomotivbau war die SLM, die Schweizerische Lokomotiv- und Maschinenfabrik in Winterthur. Ab 1873 wurden bis 1999 über 5700 Lokomotiven, Triebwagen und Rangiertraktoren in allen Typen und Antriebsformen gebaut, welche weltweit zufriedene Abnehmer fanden. Ebenfalls fanden diverse, hauptsächlich in Deutschland gebaute Dampfloks den Weg in die Schweiz. Firmen wie Krauss, O&K, Maffei, Jung, Henschel, Hanomag etc. lieferten Dampflokomotiven, gelegentlich auch über Händler, in die Schweiz. Diese Lokomotiven kamen nicht nur bei diversen Firmen zum Einsatz, auch einige Vorgängerbahnen der heutigen SBB setzen auf

Deutsche Qualität, was den Lokomotivbau betrifft. Einige wenige französische Dampflokomotiven wurden ebenfalls in die Schweiz geliefert. Auch heute noch sind diverse dieser »ausländischen Dampfloks« in der Schweiz noch vorhanden, ein beachtlicher Teil ist sogar noch betriebsbereit. Bei Museumsbahnen findet man hierzulande auch »Exoten« aus Staaten wie z.B. Portugal oder Polen. Von den unzähligen, ins Ausland gelieferten SLM-Dampflokomotiven ist heute auch noch ein beachtlicher Anteil an Maschinen vorhanden. Die gute Qualität der in Winterthur gebauten Dampflokomotiven sprach sich damals sehr schnell herum und es wurden weltweit Abnehmer gefunden. Oft wurden auch bei anderen Firmen Dampfloks nach Originalplänen der SLM erbaut.

Dampfbetrieb heute
Die Schweiz besitzt heute eines der modernsten und effizientesten Bahnnetze weltweit. Alleine die hohen Ansprüche an Sicherheit, Zuverlässigkeit und Vorschriften machen es den guten, alten Dampfloks nicht immer leicht, heute noch eingesetzt werden zu dürfen. Dennoch, keine Zukunft ohne Vergangenheit. Wo immer auch möglich, werden Dampffahrten zu besonderen Anlässen wie Loktreffen, Streckenjubiläen oder auch runde Geburtstage von Lokomotiven gefeiert. Manchmal buchen Firmen oder Privatpersonen für Anlässe aller Art einen ganzen Dampfzug. Ein Teil der betriebsfähigen Dampflokomotiven besitzt die aktuellsten Einrichtungen, damit eine schweizweite Zulassung erteilt werden konnte und die Loks bis auf einige Ausnahmen auf einem großen Teil des Bahnnetzes verkehren werden dürfen. Andere Dampflokomotiven können nur auf den eigenen Strecken eines Vereins oder einer Museumsbahn eingesetzt werden. Schweizweit gibt es Dutzende Vereine und Museumsbahnen, welche ihr Know-how untereinander austauschen, was allen Vorteile einbringt und schlussendlich auch die Dampflokomotiven davon profitieren las-

sen. Im Gegensatz zu anderen Staatsbahnen ist in der heutigen Zeit, was Original-Dampflokomotiven der SBB betrifft, nicht mehr viel vorhanden. Aber es darf nicht vergessen werden, dass hier die Elektrifizierung viel früher eingesetzt hatte. Schlussendlich ist es auch ein Ding der Unmöglichkeit, von jedem Loktyp ein Fahrzeug beiseite zu tun und womöglich noch betriebsfähig zu erhalten. Dass aber in der heutigen, modernen Zeit dennoch an so vielen Orten Dampfloks eingesetzt werden können zeugt eben auch davon, dass man trotz der Moderne den Bezug zur Vergangenheit nicht verloren hat.

Dampfloktypen

Die Vielfalt an Dampflokomotiven ist schier endlos. Es gibt Tenderlokomotiven, Lokomotiven mit Schlepptender, Normalspur- und Schmalspurlokomotiven, Zahnrad-Lokomotiven, Loks mit gemischtem Betrieb, Dampftram-Lokomotiven, Werkbahnlokomotiven, Stehkessellokomotiven, Dampftriebwagen, Dampfschneeschleudern usw. Im Bahnland Schweiz findet man alles. Jede Dampflok hatte seinen Zweck. Auch wenn auf die Gesamtan-

zahl von Lokomotiven nur ein Bruchteil bis in die heutige Zeit überlebt hat, von beinahe jeder Art des Fahrzeugs ist was erhalten geblieben. Man darf die Schweiz aber nicht mit »Dampfhochburgen« wie der USA, Großbritannien oder Deutschland vergleichen. Aber dennoch haben viele Baureihen ihre Fangruppen. Die Vielfalt an Dampflokomotiven ist groß. Man findet alles von der zierlichen Feldbahn-Dampflok bis zur riesigen, französischen Schlepptender-Dampflok. Verschiedenste Baureihen bereichern die Museumsbahnen, Verein und Clubs, welche sich mühevoll in der heutigen Zeit aufopfern, ihre Lieblinge dem begeisterten Publikum präsentieren zu dürfen. Aber was bedeuten eigentlich die Typenbezeichnungen der Dampflokomotiven in der Schweiz?

Lokomotiven mit Schlepptender

A   Schnellzuglokomotiven mit Vmax mit 70 km/h oder mehr

B   Personenzuglokomotiven mit Vmax von 60 bis 65 km/h

C   Güterzuglokomotiven mit Vmax von 50 und 55 km/h

D   Berglokomotiven mit Vmax unter 50 km/h

Tenderlokomotiven

E	Nebenbahnlokomotiven für Haupt- und Lokalbahnverwaltungen
Ea	mit Höchstgeschwindigkeit von über 75 km/h
Eb	mit Höchstgeschwindigkeit von 70 und 75 km/h
Ec	mit Höchstgeschwindigkeit von 60 und 65 km/h
Ed	mit Höchstgeschwindigkeit von 45, 50 und 55 km/h
Eh	Nebenbahnlokomotiven, Normalspur, mit Zahnradantrieb
G	Schmalspurlokomotiven für Adhäsionsbetrieb und Tramwaylokomotiven
H	Zahnradlokomotiven
HG	Lokomotiven für Adhäsions- und Zahnradbetrieb auf schmaler Spur
T	Dampfspeicherlokomotiven
Xrot	Dampfschneeschleudern
2/2	beide Achsen sind angetrieben
2/3	zwei von drei Achsen sind angetrieben
3/3	alle drei Achsen sind angetrieben
4/6	vier von sechs Achsen sind angetrieben
usw.	

Somit hat jeder Dampfloklyp seine Bezeichnung, welche ihn einfach zuordnen lässt.

Besonderes

Die älteste, noch vorhandene Dampflokomotive schweizweit ist die Ec 2/5 28 Genf, mit Baujahr 1858. Auch die über 140-jährigen Dampflokomotiven wie die Eh 1/2 »Gnom«, Eh 2/2 »Caspar Honegger«, H 1/2 7 der VRB, die E 2/2 3 »Zephir« oder auch die Eh 2/2 »Elfe« gehören zu den ältesten Dampfloks hierzulande. Der meistgebaute Dampfloktyp ist die E 3/3. In vielen Varianten wurde sie an zahlreiche Vorgängerbahnen, Privatbahnen, an die SBB oder auch an die Industrie in großer Anzahl geliefert. Die C 5/6 ist die größte und leistungsfähigste je in der Schweiz gebaute Dampflokomotive. Der CZm 1/2 31 gehört zu den wenigen betriebsfähigen Dampftriebwagen weltweit, die Xrotd 9213 der RhB ist eine der wenigen betriebsfähigen Dampfschneeschleudern überhaupt und mit dem Fünfkuppler 52 8055 NG verkehrt in der Schweiz auch eine der modernsten Dampflokomotiven weltweit.

A 3/5 705 – SBB Historic

Während der Verstaatlichung der Schweizerischen Centralbahn (SCB) und der Schweizerischen Nordostbahn (NOB) zur SBB im Jahr 1902 beschaffte die neue Staatsbahn zwei Prototypen einer klassischen Schnellzug-Dampflokomotive. Die A 3/5 verfügte über drei angetrieben Achsen, zwei Laufachsen und einem vierachsigen Tender. Da die beiden Prototypen-Lokomotiven überzeugten, beschaffte die SBB bei der SLM eine Serie von 107 Dampflokomotiven, allerdings mit einigen Änderungen wie z.B. einem dreiachsigen Tender. Bereits in den 1920er Jahren trennte sich die SBB von den ersten Lokomotiven, da u.a. die Elektrifizierung des Netzes zügig voranschritt. Die letzte A 3/5 stand allerdings bis 1962 im Einsatz. Bis heute überlebt hat nur die A 3/5 705, allerdings stammt der Kessel von der Lok 739 und der Rahmen von der 778. Heute ist die seit 1964 als historisches Fahrzeug klassierte Dampflok mehrmals im Jahr vor Extrazügen im Einsatz. Mit ihrer Höchstgeschwindigkeit ist sie die schnellste, in der Schweiz erbaute Dampflok.

Der Kessel wurde vor einiger Zeit grau gestrichen, was der normalerweise in Brugg AG stationierten Lok ein gefälliges Aussehen gibt. Die Lokomotive gehört zur Sammlung der SBB Historic. Insgesamt besaß die SBB neun Dampflokserien mit der Bezeichnung A 3/5, wovon aber die allermeisten in den 1920er und 1930er Jahren ausrangiert wurden. Die A 3/5 705 trägt die Fabriknummer 1550. Während ihrer Einsatzzeit war die A 3/5 705 in verschiedenen Depots wie Zürich, Biel, Luzern, Olten oder auch Bern stationiert.

Betriebsnummern	703 – 809
ursprüngliche Anzahl	107
Baujahr Lok 705	1904
Erbauer	SLM
Dienstleistung	1360 PS
Länge über Puffer	18600 mm
Dienstgewicht	110 t
Vmax	100 km/h (40 km/h rückwärts)
Spurweite	1435 mm

B 3/4 1367 – SBB Historic

Bei den SBB und ihren Vorgängerbahnen gab es insgesamt auf neun Fahrzeugserien verteilt über 300 Dampflokomotiven der Bauart B 3/4. Erbauer war die SLM in Winterthur. Ab 1905 lieferte die SLM 69 Dampflokomotiven mit Schlepptender an die SBB, welche die Bezeichnung B 3/4 1301 – 1369 erhielten. Diese formschönen Dampflokomotiven kamen schweizweit im Personen- und Güterverkehr zum Einsatz. Im Zuge der schnell voran schreitenden Elektrifikation des Schienennetzes konnte aber mehr und mehr auf diese Lokomotiven verzichtet werden. Zwischen 1934 und 1964 wurden sämtliche 69 Lokomotiven ausrangiert und bis auf die 1367 abgebrochen. Die B 3/4 1367 blieb glücklicherweise erhalten, wurde 1978 wieder in Betrieb genommen und stand wieder für Extrazüge zur Verfügung. Heute befindet sich die Lokomotive im Besitz von SBB Historic

Betriebsnummer	1367
ursprüngliche Anzahl	69
Baujahr Lok 1367	1916
Erbauer	SLM
Dienstleistung	990 PS
Länge über Puffer	16275 mm
Dienstgewicht	94 t
Vmax	75 km/h (40 km/h rückwärts)
Spurweite	1435 mm

und ist normalerweise in Brugg AG stationiert. Gelegentlich werden mit ihr Rundfahrten und Extrazüge angeboten. Sie ist eine der wenigen in der Schweiz erhalten gebliebenen Dampflokomotiven mit Schlepptender. Die B 3/4 1367 war in Winterthur, Lausanne und Renens VD stationiert und nach ihrer Ausrangierung im Jahr 1964 bis 1977 in Vallorbe eingestellt.

C 5/6 2958, 2965, 2969, 2978 – SBB Historic / Eurovapor

Der stetig steigende Güterverkehr auf der legendären Gotthard-Strecke veranlasste die SBB, neue, stärkere Dampfloks anzuschaffen. Bei der SLM bestellte die SBB 30 Lokomotiven des Typs C 5/6. Die ersten beiden Lokomotiven 2901 und 2902 unterschieden sich in einigen Details von den restlichen 28 Serienmaschinen. Die beiden erstgelieferten Maschinen überzeugten nicht und wurden 1933 bereits abgebrochen. Die Lokomotiven mit den Betriebsnummern C 5/6 2951 – 2978 wurden zwischen 1913 und 1917 abgeliefert. Bei der C 5/6 handelt es sich um die größten Dampfloks, welche an die SBB geliefert wurden, weshalb auch sie den Übernamen »Elefant« erhielten. Obwohl schon früh diverse Linien elektrifiziert wurden, standen die Dampfloks relativ lange im Einsatz. Auf der internationalen Linie Bellinzona – Cadenazzo – Luino, welche im Vergleich zu anderen Strecken erst spät elektrifiziert wurde, zogen sie noch bis in die 1960er Jahre Güterzüge. Ausrangiert wurden die Lokomotiven zwischen 1954 und 1968. Zu ihren letzten Aufgaben gehörten oft auch noch Brückenbelastungsproben. Vier C 5/6 sind der Nachwelt erhalten geblieben. Lok 2958 stand von 1973 bis 1996 in Olten als Denkmal, die 2969 von 1969 bis 2001 in Winterthur. Eurovapor übernahm beide Loks, um daraus eine betriebsfähige Lok zu machen, was im Jahr 2017 mit der normalerweise in Sulgen stationierten Lok 2969 auch gelang. Die C 5/6 2958 dient in Romanshorn als nicht mehr ganz komplettes Ausstellungsstück. Lok 2965 (SBB Historic) ist im Verkehrshaus der Schweiz ausgestellt und die C 5/6 2978 wird durch die SBB Historic im Depot Brugg AG betriebsfähig erhalten. Die Fabriknummern sind 2495, 2518, 2522 und 2612. Sämtliche Lokomotiven waren während ihrer Einsatzzeit im Depot Erstfeld stationiert.

Betriebsnummern	2951 – 2978
ursprüngliche Anzahl	28
Baujahre 2958, 2965, 2969, 2978	1913, 1914, 1916, 1917
Erbauer	SLM
Dienstleistung	1620 PS
Länge über Puffer	19195 mm
Dienstgewicht	128 t
Vmax	65 km/h (40 km/h rückwärts)
Spurweite	1435 mm

CZm 1/2 31 – SBB Historic

1902 beschaffte die damalige NOB (Nordostbahn, eine Vorgängerbahn der heutigen SBB) bei der Maschinenfabrik Esslingen (D) einen Dampftriebwagen. Die Beschaffung erfolgte vor allem deshalb, weil in dieser eher verkehrsarmen Zeit lokbespannte Züge unwirtschaftlich waren. Das einzigartige Fahrzeug verfügt über eine angetriebene Achse. Doch schon 1906 trennten sich die SBB von diesem Fahrzeug und es ging in den Besitz der heute nicht mehr existierenden Uerikon-Bauma-Bahn (UeBB) über. Da ein separates Postabteil samt Briefkasten eingebaut wurde, änderte sich die Bezeichnung von Cm 1/2 auf CZm 1/2. 1948 wurde die UeBB eingestellt und der Dampftriebwagen arbeitslos. Der CZm 1/2 31 ging wieder zurück an die SBB, welche ihn dann aber mangels Gebrauch an das Verkehrshaus (VHS) weitergaben. Danach stand er 26 Jahre lang im SNCF-Depot in Vallorbe eingestellt, ehe er im Jahr 1974 für eine Ausstellung wieder aus dem Dornröschenschlaf geholt wurde. 1980 wurde er im Depot Zürich restauriert und stand wieder für Extrafahrten zur Verfügung. Nach einer Kesselrevision erhielt das Fahrzeug einen

Neuanstrich und ist mit CZm 31 beschriftet. Heute ist das historisch wertvolle Fahrzeug mehrmals im Jahr im Einsatz und ist an Bahnhofsfesten oder Streckenjubiläen zu sehen. Auch wird er gerne als Zubringer für diverse Anlässe verwendet. Fahrten mit diesem schönen Fahrzeug erfreuen sich großer Beliebtheit und je nach Bedarf wird noch ein passender Personenwagen mitgeführt. Es gibt heutzutage nur noch sehr wenige, betriebsfähige Dampftriebwagen überhaupt. Stationiert ist er normalerweise im Depot G in Zürich und befindet sich im Besitz der SBB Historic. Das Fahrzeug bietet 30 Sitzplätze in 3. Klasse.

Betriebsnummern	31
Ursprüngliche Anzahl	1
Baujahr	1902
Erbauer	Maschinenfabrik Esslingen (D)
Dienstleistung	100 PS
Länge über Puffer	11000 mm
Dienstgewicht	23 t
Vmax	45 km/h
Spurweite	1435 mm

D 1/3 1 »Limmat« – SBB Historic

Für die ehemalige Schweizerische National-
bahn (SNB) baute die Firma Kessler in Karlsruhe vier kleine Dampflokomotiven, welche als
D 1/3 bezeichnet wurden. Die Lokomotiven mit
den Nummern 1 – 4 trugen Namen von Flüs-
sen: 1 »Limmat«, 2 »Aare«, 3 »Rhein« und 4
»Reuss«. Da schon bald neuere Lokomotiven
folgten, wurden alle vier D 1/3 noch im vorletz-
ten Jahrhundert aus dem Betrieb genommen.
Die Loks 2 – 4 wurden schon 1868 abgebrochen, die »Limmat« im Jahr 1882. Damit
endete auch schon die Geschichte der ersten
Dampflokomotiven der Schweiz. Im Jahr 1947,
exakt zum 100 Jahre Jubiläum der Eisenbahn
in der Schweiz, wurde die D 1/3 1 »Limmat«
als rekonstruierte Lok durch SLM und die
Hauptwerkstätte Zürich mit Teilen einer anderen
Lok, wieder in Betrieb genommen. Der im
Schweizer Volksmund genannte »Spanisch
Brötli-Bahn Zug« besteht aus dieser Lok und
fünf ebenfalls rekonstruierten Wagen. Zusätzlich gibt es aber zum passenden Zug noch
zwei Originalwagen aus den Jahren 1856 und

1857! Bis zum 150 Jahre Jubiläum im Jahr
1997 stand die Lok nicht sehr oft im Einsatz,
meistens war sie im Verkehrshaus ausgestellt.
Im Jahr 2007, zum 125-jährigen Jubiläum der
Gotthardlinie, wurde sie wieder in Betrieb
gesetzt und in Erstfeld dem Publikum gezeigt.
Heute ist die Lok in Brugg AG stationiert und
wird gelegentlich zu Schauzwecken oder für
leichtere Dampfzüge angeheizt. Sie gehört zum
aktiven Fuhrpark der SBB Historic. Diese rekonstruierte Lok besitzt die SLM-Fabriknummer
3937.

Betriebsnummern	1 – 4
ursprüngliche Anzahl	4
Baujahr	1847 (1946 Reko)
Erbauer	Kessler Karlsruhe (SLM Reko)
Dienstleistung	170 PS
Länge über Puffer	11630 mm
Dienstgewicht	35 t
Vmax	40 km/h
Spurweite	1435 mm

E 2/2 1 Laufenburgerli – Stadt Blumberg

Mit der Fabriknummer 3081 baute 1909 die Firma Orenstein & Koppel in Berlin diese kleine, zweiachsige Dampflok und lieferte sie an die Deutsch-Schweizer Wasserbau-Gesellschaft, die später in die »Kraftwerke Laufenburg« aufging. Die kleine Lokomotive diente dem Werksverkehr und wurde 1972 leihweise dem Verein Dampfbahn Bern (DBB) überlassen. Die Lokomotive war meistens in Laupen BE stationiert und führte Dampfzüge im Sensetal (Gümmenen – Laupen – Flammat) auf der Sensetalbahn (STB). 1997 forderten die Kraftwerke Laufenburg, damals noch Besitzer dieser schmucken Lok, das Fahrzeug zurück und schenkten es der Stadt Blumberg. Die E 2/2 1, auch »Laufenburgerli« genannt, fand dann auf der Wutachtalbahn (auch »Sauschwänzle-

bahn« genannt) eine neue Bleibe. Die E 2/2 1 ist in Fützen stationiert und wurde gelegentlich angeheizt. Mit ihren 100 PS ist die Lok auf den steigungsreichen Strecken für das Führen von Museumszügen zu schwach. Allerdings ist sie seit einigen Jahren in Blumberg abgestellt.

Betriebsnummern	1
ursprüngliche Anzahl	1
Baujahr	1909
Erbauer	O&K Berlin
Dienstleistung	100 PS
Länge über Puffer	6500 mm
Dienstgewicht	17,5 t
Vmax	25 km/h
Spurweite	1435 mm

E 2/2 1 SLM – Privatbesitz

Mit der Fabriknummer 2090 wurde durch die SLM im Jahr 1910 diese kleine, zweiachsige Werklokomotive direkt quasi an die eigene Firma geliefert. Die E 2/2 1 SLM war auf den umfangreichen Gleisanlagen der Schweizerischen Lokomotiv- und Maschinenfabrik Winterthur für das Werksmanöver zuständig. Die SLM in diesem Sinne existierte bis 1998 und wurde dann in die Firma Sulzer-Winpro umfirmiert. Die kleine Lokomotive ging ebenfalls in den Besitz der Sulzer-Winpro über und war mehrere Jahre in einer der zahlreichen Hallen eingestellt. Im Jahr 2005 wurde dann Winpro komplett von Stadler übernommen. Die Lokomotive konnte vorher von einer Privatperson übernommen werden, die sie in einem der alten Depotgebäude in Winterthur remisierte. Die Lokomotive wurde dann wieder betriebsfähig aufgearbeitet und nach Brugg AG überführt. Im Jahr 2014, als die Stadt Winterthur

ihr 750 Jahre Jubiläum feierte, kam sie wieder mal in ihre alte Heimatstadt zurück und dampfte im ehemaligen Depotareal umher. Seither steht sie wieder in Brugg und ist mehrmals jährlich im Einsatz. Oft wird sie für Shuttlezüge, um Besucher vom Bahnhof SBB zum Bahnpark Brugg zu bringen, eingesetzt. Die zierliche Lokomotive befindet sich in einem sehr guten Zustand.

Betriebsnummern	1
ursprüngliche Anzahl	1
Baujahr	1910
Erbauer	SLM
Dienstleistung	74 PS
Länge über Puffer	6430 mm
Dienstgewicht	21 t
Vmax	30 km/h
Spurweite	1435 mm

E 2/2 Renée – VVT

1895 wurde für die Firma Sulzer in Winterthur durch die SLM mit der Fabriknummer 917 diese kleine Zweikupplerlok erbaut. Die als E 2/2 1 bezeichnete Lok wurde für das Werksmanöver eingesetzt. Sie stand dort lange in Betrieb, ehe sie 1953 ins Tessin wechselte. Bei der Firma Monteforno in Bodio diente sie auf den umfangreichen Gleisanlagen ebenfalls als Werklokomotive, wo sie dann in E 2/2 2 umbezeichnet wurde. Bevor sie dann 1971 zum Verein Dampfbahn Bern (DBB) wechselte, war sie noch einige Jahre im Stahlwerk Valmoesa in San Vittore im Einsatz. Die Lok wurde demontiert, es wurde aber aufgrund des schlechten Zustandes von einer Aufarbeitung abgesehen. Sie wurde 1975 für ein geplantes Museum in Belp dorthin gebracht und rostete weiter vor sich hin. Im Jahr 1988 konnte der Verein Vapeur Val-de-Travers (VVT) die Lok übernehmen

und es wurde wieder mit der Aufarbeitung begonnen. Seit 1990 ist die niedliche Lok wieder in Betrieb und wird im Bahnhofs- und Depotareal von St-Sulpice NE für das Manöver verwendet. Wegen fehlender Luftdruckbremse und der relativ niedrigen Höchstgeschwindigkeit ist die Lok für den Streckeneinsatz nicht zugelassen. Sie trägt den Namen »Renée«.

Betriebsnummer	2 (früher 1)
ursprüngliche Anzahl	1
Baujahr	1895
Erbauer	SLM
Dienstleistung	100 PS
Länge über Puffer	5840 mm
Dienstgewicht	12 t
Vmax	30 km/h
Spurweite	1435 mm

E 2/2 2 Cham – VVT

1929 erbaute die Firma Henschel mit der Fabriknummer 20593 diese zweiachsige Dampflok Typ »Riebeck« und lieferte sie an die Firma Papierfabrik Perlen im Kanton Luzern. Die Lok stand dort bis 1962 mit der Betriebsnummer E 2/2 3 als Werklokomotive im Einsatz und wurde dann an die Papierfabrik Cham-Tenero (Kanton Zug) weiterverkauft. In Cham stand sie, ebenfalls als Werklokomotive, mit der Betriebsnummer E 2/2 2 bis 1973 im Einsatz und wurde dann abgestellt. 1981 wurde sie von einer Privatperson übernommen, stand aber noch bis 1988 in Cham. Im selben Jahr wurde sie dem Verein VVT (Vapeur Val-de-Travers) geschenkt und anschließend nach St-Sulpice NE überführt. Die Lok ist nicht betriebsfähig, steht aber an Betriebstagen des VVT gelegentlich im Freien. Der äußerliche Zustand ist eher schlecht, dennoch soll bei genügend Kapazitäten die Lokomotive eventuell aufgearbeitet werden. Als Besonderheit soll noch erwähnt werden, dass die grün-schwarz gestrichene Dampflokomotive mit zwei Wasserpumpen und ohne Injektoren ausgerüstet ist.

Betriebsnummer	Cham
ursprüngliche Anzahl	1
Baujahr	1929
Erbauer	Henschel
Dienstleistung	ca. 200 PS
Länge über Puffer	7600 mm
Dienstgewicht	27,6 t
Vmax	35 km/h
Spurweite	1435 mm

E 2/2 3 »Zephir« – SBB Historic

Als Verbindungsbahn zwischen dem Thuner- und dem Brienzersee nahm die damalige »Bödelibahn« 1872 mit zwei Lokomotiven des Typs E 2/2 Nr. 1 und 2 den Betrieb auf. Bereits 1873 bestellte die Bödelibahn bei der Lokomotivfabrik Krauss & Cie in München eine dritte Lokomotive (Fabriknummer 290), um den Mehrverkehr mit der Eröffnung des Abschnitts Interlaken – Bönigen bewältigen zu können. Die neue Lok erhielt die Betriebsnummer 3 und den Namen »Zephir«. Als 1895 ihr Schwesterlok 2 »Föhn« schon ausrangiert und verschrottet wurde, erhielt die Lok 3 »Zephir« im selben Jahr einen neuen Kessel von der SLM in Winterthur. 1907 wurde die Lok noch in E 3/3 72 umnummeriert. Der 1916 an die Firma Rollmaterial und Baumaschinen AG Zürich verkaufte »Zephir« ging 1917 zu den Metallwerken Dornach und kam als Werklokomotive E 2/2 2 in Betrieb. 1974 wurde in Dornach ein Fest zum 100. Geburtstag des »Zephir« veranstaltet. Der Kessel war aber in einem so schlechten Zustand, dass der »Zephir« 1975 abgestellt werden musste. Er kam dank den Modelleisenbahnfreunden Eiger in Zweilütschienen 1980 zurück ins Berner Oberland. Eine geplante Revision kam nicht zustande, die E 3/3 3 blieb bis 1986 in Zweilütschienen und danach noch bis 1994 in Spiez abgestellt. 1994 wurde die mittlerweile dem Verkehrshaus der Schweiz gehörende Lok nach Huttwil gebracht und für das 1997 geplante Jubiläum aufgearbeitet. Dabei erhielt der »Zephir« den dritten Kessel (aus Meiningen). Nach 21 Jahren war es dann 1996 soweit, der »Zephir« konnte wieder aus eigener Kraft fahren. Während der Jubiläumsfeier 150 Jahre Schweizer Bahnen 1997 war er dann das ganze Jahr über an verschiedenen Standorten im Einsatz. Nach den Festlichkeiten wurde der historisch wertvolle »Zephir« nach Delémont überführt, dort kümmert sich seit 2010 die HEG zusammen mit SBB Historic um den »Zephir« und darf ihn deshalb ab und zu für Fahrten einsetzen. Regelmäßig führt er Pendelfahrten mit Personenwagen zwischen Delémont und Choindez durch. Die E 2/2 1 mit den Namen »Bise« wurde 1916 nach Frankreich verkauft.

Betriebsnummern	1 – 3
ursprüngliche Anzahl	3
Baujahr Lok 3	1874
Erbauer	Krauss, München
Dienstleistung	90 PS
Länge über Puffer	5850 mm
Dienstgewicht	14,3 t
Vmax	25 km/h
Spurweite	1435 mm

E 2/2 3 – Verein Dampfzentrum Winterthur

1907 baute die SLM mit der Fabriknummer 1836 diesen kleinen Zweikuppler, der als Werklokomotive bei der Firma Gebrüder Sulzer in den Einsatz kam. Die als E 2/2 bezeichnete Lokomotive erhielt anlehnend an zwei andere Werkslokomotiven die Betriebsnummer 3. Die E 2/2 3 wurde auch im Sulzer Werk in Oberwinterthur eingesetzt, ehe sie 1971 abgestellt wurde. 1972 ging sie dann in die Obhut des Dampfverein Zürcher Oberland (DVZO), wurde dann aber 6 Jahre später im Jahr 1978 auf dem Areal des Rangierbahnhofs Limmattal (RBL), der im selber Jahr fertig erbaut war, als Denkmal aufgestellt. Bis 1997 stand die E 2/2 3 dort, allerdings war ihr Zustand nicht mehr der allerbeste. Die Lokomotive ging wieder zurück an den DVZO, der sie nun in Uster eingestellt hatte. 2012 konnte die Lokomotive nach Winterthur überführt werden, wo sie in einer ehemaligen Halle der SLM hinterstellt wurde. Im Jahr 2017 wurde die Lok innerhalb des ehemaligen Fabrikareals umplatziert und steht heute in derselben Halle, in der sie 1907 erbaut wurde. Die Lokomotive ist nicht betriebsfähig, befindet sich aber nach einer äußerlichen Aufarbeitung in sehenswertem Zustand. Die ehemalige Sulzer-Werklokomotive E 2/2 3 gehört zur Industriegeschichte von Winterthur und hat deshalb einen hohen kulturellen Wert. Sie gilt als Zeitzeugin der damaligen Transportmöglichkeiten innerhalb des Fabrikareals der ehemaligen SLM. Im selben Jahr baute die SLM eine sehr ähnliche Dampflokomotive für das Gaswerk Basel, welche aber 1956 bei der Schweizerischen Reederei AG in Basel Kleinhüningen abgebrochen wurde.

Betriebsnummer	3
ursprüngliche Anzahl	1
Baujahr	1907
Erbauer	SLM
Dienstleistung	50 PS
Länge über Puffer	6430 mm
Dienstgewicht	20 t
Vmax	35 km/h
Spurweite	1435 mm

E 2/2 4 und 5 – HEG

Bei diesen beiden durch die SLM gelieferten Dampfloks handelt es sich um Zweikuppler, welche direkt an die Industrie geliefert wurden. Lok 4 mit der Fabriknummer 1267 wurde 1900 nach Gerlafingen an die von Roll-Werke geliefert, wo sie bis 1964 im Einsatz stand. Nach der Anschaffung neuer Diesel-Rangiertraktoren konnte auf die E 2/2 4 verzichtet werden und sie wurde an die von Roll-Werke Rondez (Delémont) verkauft, wo sie noch bis 1996 (!) als Werklokomotive durchs Werkareal dampfte. Im Jahr 2000 konnte die Lok von der Museumsbahn »La Traction SA« käuflich übernommen werden und ging zwei Jahre später im Jahr 2002 an den heutigen Besitzer, die HEG (Historische Eisenbahngesellschaft). Die Lok steht in nicht betriebsfähigem Zustand im Areal der Rotonde in Delémont unter einer Plane abgestellt. Die beinahe baugleiche E 2/2 5 (SLM 1670) mit Baujahr 1905 wurde ebenfalls direkt an eine Niederlassung der von Roll-Werke geliefert, an jenes in Choindez (JU). Im Jahr 1940 wurde die E 2/2 5 ins von Roll-Werk

Rondez (Delémont) versetzt. Als dann im Jahr 1964 Lok 4 hinzukam, standen beide Loks abwechselnd im Werkverkehr auf den weitläufigen Gleisanlagen im Einsatz. Wie die Lok 4 wurde auch 1996 die E 2/2 5 aus dem Dienst genommen, im Jahr 2000 an die »La Traction SA« verkauft und befindet sich seit 2002 ebenfalls bei der HEG. Sie steht wie die Lok 4 zugedeckt im Areal der Rotonde Delémont. Eine Aufarbeitung der einen oder anderen Lok ist momentan nicht geplant.

	E 2/2 4	E 2/2 5
ursprüngliche Anzahl	1	1
Baujahr	1900	1905
Erbauer	SLM	SLM
Dienstleistung	? PS	? PS
Länge über Puffer	7150 mm	7416 mm
Dienstgewicht	21,8 t	21,8 t
Vmax	30 km/h	30 km/h
Spurweite	1435 mm	1435 mm

E 2/2 9 - La Traction SA

1911 lieferte die SLM mit der Fabriknummer 2168 diese zweiachsige Dampflokomotive an die von Roll-Werke in Choindez, wo sie als E 2/2 9 als Werklokomotive eingesetzt wurde. Zwischendurch war sie auch im von Roll-Werk in Gerlafingen im Einsatz, ehe sie 1928 wieder zurück in den Jura ging. Die Lok stand mehr oder weniger unverändert bis 1984 im Einsatz, ehe sie nach der Anschaffung eines Dieseltraktors remisiert werden konnte. Allerdings kam es nochmals zu vereinzelten Einsätzen bis ins Jahr 1995 (!). 1998 konnte sie vom Verein »La Traction SA« übernommen werden und sie wurde nach Delémont versetzt. Dort stand sie noch einige Male zu bestimmten Anlässen im Zusammenhang mit der HEG (Historische Eisenbahnge-

sellschaft) im Einsatz, letztmals im Jahr 2000. Im Jahr 2008 ging die Lokomotive als Dauerleihgabe an den VVT (Vapeur Val-de-Travers) und befindet sich heute in nicht betriebsfähigem Zustand in St-Sulpice NE eingestellt.

Betriebsnummern	9
ursprüngliche Anzahl	1
Baujahr	1911
Erbauer	SLM
Leistung	? PS
Länge über Puffer	7333 mm
Dienstgewicht	25,5 t
Vmax	ca. 30 km/h
Spurweite	1435 mm

E 2/2 11 - VHS

Rechtzeitig zur Eröffnung für den Gotthardtunnel beschafft die damalige Gotthardbahn 1881 bei der SLM in Winterthur zwei kleine, zweiachsige Dampflokomotiven, welche die Bezeichnung E2/2 11 und 12 erhielten. Die relativ einfach konstruierten Lokomotiven beförderten im Jahr 1882 Reisende und Post durch den damals noch provisorisch befahrbaren Gotthardtunnel. Lange standen die Lokomotiven allerdings nicht im Einsatz. Lok 12 wurde bereits 1889, Lok 11 im Jahr 1890 aus dem Verkehr gezogen, nachdem sie einige Zeit noch als Rangierloks gedient haben. Mit einer Leistung von 75 PS waren natürlich auch Grenzen gesetzt. Lok 12 diente nach ihrer Ausrangierung noch einige Zeit in der Zentralwerkstätte Bellinzona als Rangiermaschine und stationärer Motor, bevor sie dann abgebrochen wurde. Lok 11 fand nach ihrer Ausrangierung bei der Firma von Roll an verschiedenen Orten wie Choindez

(noch als Lok 11), später als E 2/2 1 in Klus und Gerlafingen noch ein Einsatzfeld als Werklokomotive. 1949 (?) wurde sie aber abgestellt. 1957 wurde die Lok durch die Werkstätte Biel für das 75 Jahre Jubiläum der Gotthardstrecke nochmals in Betrieb gesetzt. 1959 war dann aber endgültig Schluss. Seither steht die historisch wertvolle Lok mit der Fabriknummer 236 im Verkehrshaus der Schweiz in Luzern.

Betriebsnummern	11 – 12
ursprüngliche Anzahl	2
Baujahr	1881
Erbauer	SLM
Dienstleistung	ca. 75 PS
Länge über Puffer	6600 mm
Dienstgewicht	14,7 t
Vmax	50 km/h
Spurweite	1435 mm

E 2/2 5666 –
Brauerei Feldschlösschen

1907 erbaute die Firma Krauss & Co. in München diese zweiachsige Werklokomotive und lieferte sie an die Brauerei Feldschlösschen in Rheinfelden aus. Mit dieser Dampflokomotive der Bezeichnung E 2/2 2 und Fabriknummer 5666 verfügte die Brauerei über ihre erste Lokomotive für das Verschieben von Bierwagen. Bei Ausfall der Lokomotive wurde von der SBB eine Lokomotive für das Manöver gemietet. Stolze 57 Jahre stand die Lok im Einsatz, ehe mit einer E 3/3 (ex SBB) eine leistungsfähigere Lokomotive eingesetzt werden konnte. Ab 1965 diente sie noch als Reserve, erhielt 1966 noch einen neuen Kessel der Firma Henschel und wurde dann aber 1994, als eine Diesellok angeschafft wurde, definitiv außer Dienst genommen. Die E 2/2 2 wurde dann innerhalb des Brauereiareals als Denkmal aufgestellt. Der Zustand der Lokomotive verschlechterte sich zusehends. Im Jahr 2009 – Anlass war ein bevorstehendes Eisenbahnjubiläum – kam die Idee auf, die Lokomotive wieder betriebsfähig herzurichten.

Die Lokomotive wurde nach Brugg AG überführt und in relativ kurzer Zeit wieder aufgearbeitet. Seither war die E 2/2 2, mittlerweile als E 2/2 5666 (wie ihre Fabriknummer) an Jubiläen und Anlässen zu Gast. Heute steht die schmucke Lokomotive wieder geschützt in der Remise in der Brauerei, kann aber für Anlässe unter der Regie der Verein Dampfgruppe Zürich (VDZ) wieder eingesetzt werden. Sie trägt den Beinamen »Chnurrli« und ist nach wie vor im Besitz der Brauerei Feldschlösschen.

Betriebsnummer	2
ursprüngliche Anzahl	1
Baujahr	1907
Erbauer	Krauss & Co., München
Dienstleistung	? PS
Länge über Puffer	8000 mm
Dienstgewicht	26,5 t
Vmax	40 km/h
Spurweite	1435 mm

E 2/2 Cockerill – VVT

Diese kleine zweiachsige Dampflok ist in der heutigen Zeit ein seltenes Unikum mit ihrem Stehkessel und der Dampfbremse. Gebaut wurde sie 1920 in Belgien bei der Fabrik John Cockerill in Seraing (Fabriknummer 2951), der ersten Fabrik, die (1835) auf dem europäischen Kontinent Dampflokomotiven baute. Sie war außerdem bekannt war für den Bau von Stehkessel-Konstruktionen. Diese Lokomotive stammte aus der vierten Serie (von fünf), insgesamt wurden über 900 Lokomotiven dieses Typs erbaut. Diese zierlichen, aber leistungsfähigen und wendigen Stehkesselloks waren ideale Werkrangierlokomotiven, die dank kurzem Achsenstand auch bei sehr engen Kurvenradien und relativ starken Steigungen problemlos eingesetzt werden konnten. Diese Lok kam im Mai 1984 nach St-Sulpice zum Vapeur Val-de-Travers (VVT). Der Kessel wurde zwar in Grey (F) revidiert, da aber der Antrieb in einem sehr schlechten Zustand ist und das Fehlen einer Druckluftbremse und die geringe Geschwindigkeit einen Einsatz vor Personenzügen nicht zulassen, wäre ihr mögliches Einsatzgebiet sehr stark eingeschränkt. Aus diesem

Grund wird die Aufarbeitung dieser interessanten Lok vorerst zurückgestellt. Vor einiger Zeit hat die Cockerill einen Neuanstrich erhalten, damit sie etwas anschaulicher wirkt. Diese Dampflok des Vereins ist in St-Sulpice NE eingestellt und steht gelegentlich bei Fahrten oder Anlässen des VVT vor dem Depot im Freien. Nebst dieser Cockerill Lok gibt es schweizweit nur noch eine andere Lokomotive desselben Herstellers: ein Diesel-Rangiertraktor (1964) der Firma Sersa (ex Müller Gleisbau) in Effretikon. An diversen Standorten sind noch einige Cockerill-Stehkesseldampfloks erhalten, ein Teil davon sogar betriebsbereit.

Betriebsnummern	----
ursprüngliche Anzahl	ca. 900
Baujahr	1920
Erbauer	Cockerill (Belgien)
Dienstleistung	115 PS
Länge über Puffer	4600 mm
Dienstgewicht	ca. 15 t
Vmax	20 km/h
Spurweite	1435 mm

E 2/2 Escher Wyss Werklok – Privatbesitz

Die Firma Krauss & Co. in München lieferte 1906 mit der Fabriknummer 5564 diese zweiachsige, normalspurige Tenderlokomotive an die bereits 1805 gegründete Firma Escher & Wyss im Zürcher Industriequartier. Die Werklokomotive, die nie eine Nummer getragen hatte, stand dort bis 1966 in Betrieb, obwohl bereits ab 1964 ein Schöma-Dieseltraktor angeschafft wurde. Die Lokomotive wurde dann ab 1968 in Oetwil an der Limmat bei einem Kindergarten als »Spielplatzlok« aufgestellt und farbenfroh angestrichen. Dort blieb sie bis 1987, ehe sie von der Baufirma Richi & Co. in Weiningen übernommen werden konnte. Die Lok befand sich mittlerweile in sehr schlechtem Zustand und wurde auf dem Fabrikareal abgestellt. 2002 ging die G 2/2, auch als »Escher Wyss-Werklok« bekannt, in den Besitz einer Privatperson über, die sie vorerst

in Bülach abstellte. 2008 wechselte sie abermals den Besitzer und die Lok fand im Locorama in Romanshorn eine neue Bleibe. In Gesellschaft diverser historischer Fahrzeuge ist die unterdessen »pinselrenovierte« Lok in Romanshorn aufgestellt und dient als Blickfang für das besuchenswerte »Locorama« in der Ostschweiz.

Betriebsnummern	----
ursprüngliche Anzahl	1
Baujahr	1906
Erbauer	Krauss & Co., München
Leistung	? PS
Länge über Puffer	5100 mm
Dienstgewicht	12,5 t
Vmax	25 km/h
Spurweite	1435 mm

E 3/3 1 Lise – DBB

1908 baute die SLM diese Tenderlokomotive mit der Fabriknummer 1901 und lieferte sie an das Gaswerk Bern aus. Hauptaufgabe dieser Dampflok war es, die beladenen Kohlenwagen in Wabern abzuholen, im Werk zu den Entladestellen zu führen und die leeren Wagen wieder nach Wabern zur BLS-Strecke (damals noch GBS) hinauf zu fahren. Die Lokomotive verrichtete zuverlässig ihre Dienste auf der gut 2500 m langen Werkbahn, bis sie 1961 Konkurrenz durch einen moderneren Dieseltraktor (SIG/BBC 1961) bekam. Als 1967/68 das Gaswerk Bern ihre Gasproduktion definitiv eingestellt hatte, fand der Dieseltraktor mit dem Namen »MUTZ« bei der Sihltal-Zürich-Uetliberg-Bahn (SZU) eine neue Bleibe, die Dampflok sollte eigentlich verschrottet werden. An einem Stadtfest dampfte sie dann das letzte Mal auf dem ehemaligen Anschlussgleis. Zum Glück konnte das Gaswerk Bern, Besitzerin der Lok, von Lehrlingen überzeugt werden, diese formschöne Tenderlok nicht abzubrechen und sie der Stadt Bern zu verkaufen. Hiermit beginnt auch die Geburtsstunde des Verein Dampfbahn Bern (DBB), der die Lok leihweise erhielt. Nach erfolgter Revision führte sie jahrelang Dampfzüge auf der Sensetalbahn

(STB, Linie Flamatt – Laupen BE – Gümmenen), wo sie auch stationiert war. Im Jahr 1993 erhielt der DBB die Dampflok von der Stadt Bern geschenkt. Den Namen »Lise« gab ihr am Tag der Krönung von Queen Elizabeth II. ein frisch eingestellter Lokführer. Obwohl im Jahr 2004 noch eine Neuberohrung des Kessels erfolgte, muss die Lok nur ein Jahr später abgestellt werden, da eine umfangreiche Reparatur der Feuerbüchse ansteht. Die Lok ist in Konolfingen stationiert. Das Gaswerk Zürich in Schlieren erhielt im selben Zeitraum mit der E 3/3 3 eine sehr ähnliche Lok für den Rangierdienst. Auch mit den an die SBB zahlreich gelieferten E 3/3 hat sie große Ähnlichkeiten.

Betriebsnummern	1 »Lise«
ursprüngliche Anzahl	1
Baujahr	1907
Erbauer	SLM
Dienstleistung	500 PS
Länge über Puffer	8460 mm
Dienstgewicht	34,5 t
Vmax	45 km/h
Spurweite	1435 mm

E 3/3 1 – OeBB

1909 fertigte die Firma J.A. Maffei diese drei-achsige Dampflok für die Kriens-Luzern-Bahn (KLB), bei der sie bis 1926 für den Güter- und Werkverkehr im Einsatz stand. Als dann die KLB elektrifiziert wurde, fand die Lok bei der SBB eine neue Bleibe und wurde als E 3/3 8651 eingesetzt. Doch bereits 1933 verließ der Einzelgänger die SBB schon wieder und kam ins von Roll Werk in Klus, wo sie jahrzehntelang als Werklokomotive für den umfangreichen Güterverkehr zuständig war. Nachdem dort ein Dieseltraktor für den Werk-verkehr angeschafft wurde, fand die Lok ab 1975 bei der Oensingen-Balsthal-Bahn (OeBB) eine neue Heimat. Das von Roll Werk in Klus liegt direkt an der OeBB und verfügte über umfangreiche Gleisanlagen. Seit 1976 ist die kleine Dampflok mir ihrem markant rot gestrichenen Rahmen und Laufwerk auf der

OeBB für Dampf- und Extrazüge unterwegs. Ebenfalls wird sie gerne an Bahnhofsfeste und Jubiläen herangezogen. Diese schmucke Dampflokomotive trägt den liebevollen Namen »Bell Josephine« und ist in Balsthal stationiert. Die Fabriknummer der Lok ist 2983. Sie erbringt etwas weniger Leistung als die E 3/3 2 der OeBB.

Betriebsnummer	1
ursprüngliche Anzahl	1
Baujahr	1909
Erbauer	Maffei
Dienstleistung	165 PS
Länge über Puffer	8130 mm
Dienstgewicht	32,5 t
Vmax	40 km/h
Spurweite	1435 mm

E 3/3 GWZ 2 – Privatbesitz

Mit der Fabriknummer 5331 wurde 1905 durch die Firma Krauss & Co. diese Nassdampf-Tenderlokomotive an das Gaswerk Zürich in Schlieren (GWZ) geliefert, wo sie bis 1932 als Werklokomotive im Einsatz stand. Nach ihrem Verkauf im selben Jahr stand sie, ebenfalls als Werklok, im Kieswerk Hardwald in Schlieren im Einsatz. Für den relativ kurzen Zeitraum von 1943 bis 1947 war die Lok bei der AG für Metallverarbeitung tätig, 1947 verschlug es sie nach Basel Kleinhüningen zu der Schweizerischen Reederei AG. 1971 war dann aber Schluss und der Einzelgänger konnte von einer Privatperson übernommen werden. Die Lok stand an verschiedenen Orten in Zürich abgestellt. Zurzeit befindet sie sich wieder unweit vom ehemaligen Gaswerk Zürich-Areal in Schlieren unter einem Zelt und wird von einer

Privatperson äußerlich aufgearbeitet. Von sechs Dampflokomotiven, die einst auf dem GWZ-Areal im Einsatz standen, sind heute doch noch vier Loks erhalten geblieben. Das Gaswerk selber wurde 1974 geschlossen. Das Areal als solches ist als Kulturzentrum erhalten geblieben.

Betriebsnummern	2
ursprüngliche Anzahl	1
Baujahr	1905
Erbauer	Krauss & Co. München
Dienstleistung	150 PS
Länge über Puffer	7600 mm
Dienstgewicht	25,1 t
Vmax	40 km/h
Spurweite	1435 mm

E 3/3 2 - OeBB

Rechtzeitig zur Eröffnung der normalspurigen Oensingen-Balsthal-Bahn (OeBB) lieferte die SLM zwei dreiachsige Dampflokomotiven mit der Bezeichnung E 3/3 1 – 2. Bis 1943, als die OeBB elektrifiziert wurde, waren die Dampfloks für das Führen von Personen- sowie Güterzügen zuständig. 1943 wurde die Lok 1 an die Firma Chemie Uetikon verkauft, wo sie bis 1961 in Betrieb war und dann abgebrochen wurde. Lok 2 kam zur Firma von Roll in Gerlafingen, wo sie als E 3/3 16 auf den umfangreichen Gleisanlagen für den Werkverkehr zuständig war. Nachdem diese Firma mehrere Dieselloks angeschafft hatte, konnte auf die Dampflok verzichtet werden und sie ging 1967 an die OeBB zurück. Als im Jahr 1973 der Nostalgiebetrieb auf der OeBB begann, konnte nur zwei Jahre später die E 3/3 2 wieder in Betrieb genommen werden und wurde für Extrafahrten genutzt. Zum 100

Jahre Jubiläum der OeBB im Jahr 1999 wurde die Lok total revidiert und erstrahlte rechtzeitig zum Fest in neuem Glanz. Die Lok ist betriebsfähig in Balsthal stationiert und kommt auch heute gelegentlich für Extrafahrten zum Einsatz. Ähnliche Dampfloklokomotiven waren damals bei diversen Bahnen in der Schweiz zu finden. Die Fabriknummer der E 3/3 2 ist 1220.

Betriebsnummern	1 – 2
ursprüngliche Anzahl	2
Baujahr	1899
Erbauer	SLM
Dienstleistung	265 PS
Länge über Puffer	7304 mm
Dienstgewicht	28,5 t
Vmax	45 km/h
Spurweite	1435 mm

E 3/3 2, 4 und 5 – ZMB, Denkmal

1892 wurde die normalspurige Sihtalbahn (SiTB) eröffnet und ab demselben Jahr lieferte die SLM sechs dreiachsige Dampflokomotiven, die fortan die Hauptlast des Verkehrs trugen. Die Lokomotiven erhielten die Bezeichnung E 3/3 1 – 6, allerdings gab es zwischen den ersten beiden Loks und den restlichen vier einige Unterschiede. Die erst im Jahr 1912 gelieferte Lok 6 wurde bereits 1926 verkauft und ging 1958 ins Alteisen. Lok 1 (1892) gelangte schon 1924 als Werklokomotive an das Gaswerk Basel und wurde 1948 abgebrochen. Lok 2 wurde ebenfalls 1924 an das Gaswerk Basel verkauft und kam 1979 nach Bouveret an den Genfersee. Ab 1987 führte sie Dampfzüge in einem Kieswerkareal sowie auf der inzwischen stillgelegten Strecke von St-Gingolph ins französische Evian-les-Bains. Im Jahr 2004 – der Museumsbetrieb ruhte damals schon sechs Jahre – kam die Lok 2 »Hansli« zurück ins Sihltal, wurde überholt und führt seitdem wieder Dampfzüge. Die Loks 3, 4 und 5 dienten noch einige Zeit als Rangierloks, die 3 und 4 wurden dann aber ab 1965 als Denkmäler in Horgen resp. Adliswil aufgestellt. Lok 3 wurde leider im Jahr 1988

wegen schlechtem Allgemeinzustand abgebrochen, Lok 4 drohte in Adliswil ebenfalls der Abbruch. Jedoch konnte die Lok gerettet werden und sie steht seit 2015 am Bahnhof Sihlwald als schön hergerichtetes Denkmal. Lok 5 »Schnaagi-Schaagi« blieb eigentlich immer auf ihrer Heimatstrecke. 1988 wurde die Lok remisiert, ging dann später in den Besitz der ZMB (Zürcher Museumsbahn) über, wurde wieder in Betrieb genommen und führt heute abwechselnd mit ihrer Schwester Lok 2 Dampfzüge durchs Sihltal. Die Fabriknummern der heute noch existierenden Loks sind 795 (Lok 2), 1016 (Lok 4) und 1221 (Lok 5).

Betriebsnummern	1 – 6
ursprüngliche Anzahl	6
Baujahre Loks 2, 4 und 5	1893, 1897, 1900
Erbauer	SLM
Dienstleistung	ca. 400 PS
Länge über Puffer	7450 mm / 7240 mm
Dienstgewicht	25,1 t / 28 t
Vmax	35 km/h
Spurweite	1435 mm

E 3/3 3 – GWZ

1908 lieferte die SLM eine Dampflok des Typs E 3/3, wie er damals zahlreich gebaut wurde, an das Gaswerk Zürich in Schlieren. Die für den Werkverkehr gebaute Lokomotive erhielt die Bezeichnung E 3/3 3. Die Lok stand bis um 1974 im Einsatz und wurde dann nach der Schließung des Gaswerks abgestellt. Danach stand sie lange Zeit im Gaswerkareal westlich von Zürich abgestellt. 1996 wurde die Lok an Swisstrain verkauft, die damals noch die meisten Fahrzeuge in Bodio (Kanton Tessin) abgestellt hatte. Dorthin ist die Lok aber nie gekommen. Swisstrain gab später das Areal in Bodio auf und die Fahrzeuge verteilen sich nun auf die Standorte Le Locle, Payerne und Les Verrieres. Die E 3/3 3 steht heute in schlechtem

Zustand in Le Locle abgestellt. Die Lok sollte eigentlich verschrottet werden, wurde aber im letzten Moment von einer Privatperson übernommen. Über einen allfälligen Verkauf ist noch nichts entschieden worden.

Betriebsnummer	3
ursprüngliche Anzahl	1
Baujahr	1902
Erbauer	SLM
Dienstleistung	ca. 500 PS
Länge über Puffer	8455 mm
Dienstgewicht	34,5 t
Vmax	45 km/h
Spurweite	1435 mm

E 3/3 3 Beinwyl – HSB

Rechtzeitig zur Eröffnung der Seetalbahn im Jahr 1883 lieferte die Firma Krauss & Co. aus München sechs dreiachsige Dampflokomotiven, welche die Bezeichnung E 3/3 1 – 6 erhielten. Zwischen der ersten Lok 1 und den Loks 2 – 6 gab es aber diverse Unterschiede. Besonderheit bei den Lokomotiven war die Triebwerkverkleidung, da die Strecke damals hauptsächlich entlang der staubigen Hauptstraße verlief. An einigen der Lokomotiven wurden im Laufe der Zeit nicht unwesentliche Änderungen vorgenommen. Obwohl der Fuhrpark an Dampflokomotiven ständig erweitert wurde, standen die sechs Lokomotiven aus der Gründerzeit doch bis 1910 komplett im Einsatz. Bei einem Großbrand des Depots in Hochdorf wurden die Lokomotiven 4, 5 und 6 so stark beschädigt, dass sie umgehend abgebrochen wurden. Die Elektrifikation der Seetalbahn (Luzern – Lenzburg – Wildegg) erfolgte 1910 und machte die Dampflokomotiven überflüssig. Die Loks 1 und 2 wurden 1912 ausrangiert, Lok 3 blieb zum Glück bis heute erhalten. Die ebenfalls 1912 ausrangierte Lok 3 mit dem Namen »Beinwyl« konnte 1912 von der Cementfabrik Holderbank-

Wildegg übernommen werden und stand dort als Werklokomotive bis 1963 im Einsatz. Danach wurde sie als Denkmal (bis 1982) in einem Park beim Firmenareal aufgestellt. Der 1983 ins Leben gerufene Verein »Historische Seethalbahn« konnte die zerlegte Lok käuflich erwerben. 1995 war es dann soweit: die frisch revidierte Lok wurde feierlich eingeweiht. Die Lok war zwischenzeitlich in Bremgarten West beheimatet, steht aber heute im Depot Hochdorf und wird zu besonderen Anlässen oder Extrafahrten eingesetzt. Die schmucke Lok gehört zu den ältesten in der Schweiz eingesetzten Dampfloks und trägt die Fabriknummer 1150.

Betriebsnummern	1 – 6
ursprüngliche Anzahl	6
Baujahr	1883
Erbauer	Krauss & Co, München
Dienstleistung	ca. 370 PS
Länge über Puffer	6836 mm
Dienstgewicht	26 t
Vmax	35 km/h
Spurweite	1435 mm

E 3/3 8410 SCB – Privatbesitz

Die E 3/3 8410 stammt aus einer Serie von ursprünglich 25 Lokomotiven, die in den Jahren 1896 – 1901 von der SLM an die Schweizerische Centralbahn (SCB) geliefert wurden. Bei der SCB trugen die Lokomotiven noch die Nummern 5 – 13, 41 – 46 und 71 – 80. Zwischen 1936 und 1945 wurden alle Lokomotiven dieser Serie bei der SBB ausrangiert. Nachdem sie für leichtere Züge oder den Rangierdienst eingesetzt wurden, sind sie zwischen 1936 und 1945 alle ausrangiert worden. Außerdem hielten ab den 1940er Jahren immer mehr diesel- und dieselelektrische Rangiertraktoren Einzug, womit auf die Dampflokomotiven verzichtet werden konnte. Die ehemalige E 3/3 8410 (Fabriknummer 1359) wurde 1941 bei der SBB ausrangiert und an die Firma von Moos Stahl im Emmenbrücke verkauft, wo sie noch bis Anfangs der 1970er Jahre als Werklokomotive E 3/3 3 im Einsatz stand. Als zum selben Zeitpunkt bei der von Moos Stahl moderne Diesellokomotiven angeschafft wurden, konnte auf die Dampfloks verzichtet werden. Die E 3/3 3 wurde 1973 von einer Privatperson übernommen und war seither an verschiedenen Orten in Zürich HB

abgestellt. 2012 wurde die Lokomotive, die sich mittlerweile äußerlich in einem schlechten Zustand befindet, wieder nach Emmenbrücke überführt, wo sie mindestens in einer trockenen Halle eingestellt werden konnte. Im selben Jahr wurde die Lokomotive zerlegt und zur Aufarbeitung nach Landquart überführt. Es ist geplant, die Lok zu einem späteren Zeitpunkt im Verkehrshaus präsentieren zu können. Die Gelder für die Finanzierung einer Aufarbeitung wurden von einer Privatperson gesammelt. Die historisch wertvolle Lokomotive trug bei der Ablieferung an die SCB die Nummer E 3/3 41.

Betriebsnummern	5 – 13, 41 – 46, 71 – 80 (SCB), 8401 – 8425 (SBB)
ursprüngliche Anzahl	25
Baujahr	1900
Erbauer	SLM
Dienstleistung	ca. 500 PS
Länge über Puffer	8430 mm
Dienstgewicht	33,7 t
Vmax	45 km/h
Spurweite	1435 mm

E 3/3 4 Schwyz – DVZO

Für die 1877 eröffnete Wädenswil-Einsiedeln-Bahn lieferte die Maschinenfabrik Esslingen ab 1878 vier dreiachsige Dampflokomotiven, die die Bezeichnung E 3/3 1 – 4 sowie die Namen »Wädenswil«, »Einsiedeln«, »St. Gotthard« und »Schwyz« erhielten. Damals kostete eine solche Lokomotive Fr. 42'500.--. Die Lokomotiven standen bis 1940 im Einsatz und wurden dann ausrangiert. Die 1, 2 und 3 wurden noch im selben Jahr abgebrochen, Lok Nr. 4, die »Schwyz« mit Baujahr 1887 und Fabriknummer 2224, fand ab 1941 als Werklokomotive bei der ehemaligen Chemiefabrik Uetikon im gleichnamigen Ort ein neues Einsatzfeld. Bis 1962 wurde die Lok ausrangiert und drei Jahre später am Bahnhof Wädenswil, gleich am See, als Denkmal aufgestellt. Im Jahr 1996 wurde die Lok von ihrem Sockel gehoben und von der Südostbahn für einen symbolischen Betrag von Fr. 1.-- dem Dampfbahnverein Zürcher Oberland (DVZO) übergeben. Eine Privatperson sammelte mittels Spenden den erforderlichen

Betrag, um die Gesamtrevision durch die Dampfgruppe der Oensingen-Balsthal-Bahn (OeBB) zu finanzieren. 2008 war es dann soweit und die Lok erlebte ihre zweite Jungfernfahrt. Seither ist die Lok regelmäßig auf der DVZO-Strecke zwischen Bauma und Hinwil unterwegs. Was für ein Happy-End für die schöne und letzte erhaltene Südostbahn-Dampflokomotive, die eigentlich hätte auf dem Schrottplatz landen sollen. Sie steht betriebsbereit in Uster.

Betriebsnummern	1 – 4
ursprüngliche Anzahl	4
Baujahr Lok 4	1887
Erbauer	Maschinenfabrik Emil Kessler, Esslingen (D)
Dienstleistung	370 PS
Länge über Puffer	7800 mm
Dienstgewicht	32 t
Vmax	35 km/h
Spurweite	1435 mm

E 3/3 12 – VVT

Für die 1895 eröffnete, damalige Huttwil-Wolhusen-Bahn (HWB) lieferte die SLM 1898 mit der Fabriknummer 1088 eine dreiachsige Tenderlokomotive an die HWB, die die Bezeichnung E 3/3 8 erhielt. Schon etwas früher, ab 1889 gelangten von der SLM vier sehr ähnliche, aber etwas kleinere Loks zur Langenthal-Huttwil-Bahn (LHB), die aber 1916 und 1917 bereits ausrangiert und nach Frankreich verkauft wurden. Die E 3/3 8 stand bis 1930 auf der HWB im Einsatz und wurde dann ebenfalls ausrangiert. Sie wurde aber nicht ins Ausland verkauft, sondern fand bei der Firma von Roll im Werk Choindez ein neues Einsatzfeld als Werklokomotive E 3/3 12 auf den umfangreichen Anschlussgleisen. Die Lok stand bis 1984 in Betrieb und wurde dann remisiert. 1998 konnte sie vom Verein La Traction SA übernommen werden und die E 3/3 12 wurde von Choindez nach Delémont

überführt. Im Jahr 2008 wurde die Lok dann dem VVT (Vapeur Val-de-Travers) abgegeben und nach St-Sulpice NE überführt, wo sie heute abgestellt ist. An der nicht betriebsfähigen Lok wären für eine Inbetriebnahme eine umfangreiche Revision und größere Arbeiten am Kessel nötig, da sich die Lokomotive, obwohl rollfähig, in einem schlechten Zustand befindet.

Betriebsnummer	8
ursprüngliche Anzahl	1
Baujahr	1898
Erbauer	SLM
Dienstleistung	ca. 400 PS
Länge über Puffer	7440 mm
Dienstgewicht	29 t
Vmax	40 km/h
Spurweite	1435 mm

E 3/3 8551, 456 – Privatbesitz, Verein historische Seethalbahn

Zwischen 1894 und 1896 erbaute die SLM neun Tenderlokomotiven des Typs E 3/3 und lieferte sie an die Nordostbahn (NOB), wie sie damals an diverse Vorgängerbahnen der heutigen SBB geliefert wurden. Die ersten fünf Lokomotiven erhielten die Nummern 253 – 257, wurden aber schon ein Jahr später zu 453 – 457 umnummeriert. Die vier später gelieferten Lokomotiven erhielten im Anschluss die Nummern 458 – 461. Als

dann im Jahr 1902 die Bahnen verstaatlicht wurden, bezeichnete die SBB die Lokomotiven als E 3/3 8551 – 8559 und setzt sie hauptsächlich für Rangierdienste in Großbahnhöfen und Werkstätten ein. Sie standen komplett bis 1930 im Einsatz, ehe mit der 8559 die erste Lok ausrangiert wurde. Bis 1938 schieden alle Lokomotiven aus dem Dienst und bis auf zwei E 3/3 wurden alle abgebrochen. Einige der Lokomotiven fanden bei Firmen noch bis in die 1950er Jahre ein Einsatzfeld fürs Werkmanöver. Die E 3/3 8551 (Fabriknummer 897) gelangte bereits 1935 an die Schweizerische Reederei und diente dort bis 1963 als Werklokomotive, ehe sie auf einem Spielplatz in Basel Kleinhüningen aufgestellt wurde. Dort verblieb sie bis 2010 und wurde dann nach Brugg AG überführt. Zurzeit steht sie in der Remise eingestellt. Eine Aufarbeitung ist längerfristig geplant. Die E 3/3 8554 (Fabriknummer 900) wurde 1934 nach Lausanne verkauft, wo sie bei der Firma Société industrielle de Sébéillon als Werklok ein neues Einsatzfeld fand. Als diese Firma 1949 den Betrieb eingestellt hatte, kam die Lok ins von Moos AG Werk in Emmen-

brücke, wo sie als E 3/3 5 bis 1973 als Werklokomotive im Einsatz stand. Sie wurde von einer Privatperson übernommen und beim Bahnhof in Dietikon als Denkmal aufgestellt. 2008 konnte die E 3/3 8554 vom Verein historische Seethalbahn übernommen werden. Die mit der Aufarbeitung beauftragte Dampfgruppe Balsthal konnte im Jahr 2016 die perfekt restaurierte, nun mit ihrer früheren Nummer 456 bezeichnete E 3/3 unter Dampf präsentieren. Die schmucke Lokomotive ist in Hochdorf stationiert und nimmt gelegentlich an Anlässen oder Jubiläen teil.

Betriebsnummern	8551 – 8559 (bei SBB), 453 – 461 (NOB)
ursprüngliche Anzahl	9
Baujahr	1894
Erbauer	SLM
Dienstleistung	ca. 170 PS
Länge über Puffer	7250 mm
Dienstgewicht	27,7 t
Vmax	40 km/h
Spurweite	1435 mm

E 3/3 853, 855 – DBB, BMK

(DBB) geschenkt. 1973 zerlegte man die Lok, mit der eigentlichen Aufarbeitung wurde dann 1978 begonnen. Ab 1983 war sie wieder als E 3/3 853, mit der Fabriknummer 629, mit Dampfzügen auf der Sensetalbahn (STB) unterwegs. Zurzeit ist die Lok nicht betriebsfähig in Konolfingen abgestellt. Die E 3/3 855 (Fabriknummer 631) stand

Der Schweizer Lokhersteller SLM lieferte 1875 zwei Dampflokomotiven des Typs E 3/3 an die Jurabahnen, die als 201 und 202 in Betrieb kamen. 1890 kamen dann nochmals vier Lokomotiven hinzu und die ganze Serie stand als E 3/3 851 – 856 im Einsatz, allerdings unter der Jura-Simplon-Bahn (JS). 1903 wurde die JS als größtes Schweizer Bahnunternehmen verstaatlicht und in die SBB integriert. Die sechs Dampflokomotiven wurden im Zeitraum von 1911 bis 1916 ausrangiert. Bis heute haben zwei dieser Lokomotiven überlebt, die im Jahr 1911 noch einen neuen Kessel erhalten haben. Nachdem die JS in die SBB übergegangen war, stand die E 3/3 853 bis 1911 noch bei der SBB als E 3/3 5873 in Betrieb. Danach fand sie als E 3/3 7 bis 1928 bei der Westschweizer Privatbahn RVT (Régional Val-de-Travers, heute TransN) eine neue Bleibe, ehe sie 1941 an die von Roll-Werke in Klus verkauft werden konnte, wo sie als Werklokomotive E 3/3 10 im Einsatz stand. Ab 1941 bis 1973 diente sie derselben Firma im Werk Gerlafingen ebenfalls als Werklok E 3/3 10 und wurde danach dem Verein Dampfbahn Bern

ebenfalls bei der SBB bis 1911 in Betrieb und war als E 3/3 8575 nummeriert. Bis 1928 stand sie dann wie ihre Schwester bei der RVT als E 3/3 8 im Dienst. Als Werklok E 3/3 11 rangierte sie dann bis 1973 im von Roll-Werk in Gerlafingen und wurde der SBB übergeben, die sie dem Verein Dampfbahn Bahn (DBB) von 1973 – 1988 leihweise abgab. 1988 wechselte die Lok abermals den Besitzer und konnte vom Verein Vapeur Val-de-Travers (VVT) übernommen werden. 2007 schenkte der VVT die Lok dem Bahnmuseum Kerzers (BMK). Die Lok ist in Kallnach abgestellt.

Betriebsnummern	8571 – 8576 (zuvor 851 – 856, 201 – 202)
ursprüngliche Anzahl	6
Baujahr	1890
Erbauer	SLM
Dienstleistung	300 PS
Länge über Puffer	7400 mm
Dienstgewicht	27 t
Vmax	40 km/h
Spurweite	1435 mm

E 3/3 8451...8533 – SBB / diverse

Diverse Vorgängerbahnen der heutigen SBB besaßen schon zahlreiche dreiachsige Tenderlokomotiven des Typs E 3/3, die durch diverse Hersteller wie SLM, SCB, Krauss und Esslingen in verschiedenen Ausführungen hergestellt wurden. Für die SBB begann ab 1902 die Fertigung von 83 Dampflokomotiven des Typs E 3/3 welche erst 1916 endete. Die Lokomotiven erhielten die Betriebsnummern 8451 – 8533. Die auch als »Tigerli« bezeichneten Lokomotiven dienten hauptsächlich dem Rangierdienst und dem Bedienen der Anschlussgleise. An einigen Lokomotiven wurden technische Änderungen vorgenommen, die E 3/3 8521 und 8522 erhielten gar während des Zweiten Weltkriegs einen Stromabnehmer zur elektrischen Dampferzeugung. Die ganze Serie stand bis 1946 komplett im Einsatz. Mit der Anschaffung von Rangiertraktoren konnte je länger je mehr auf die Dienste der E 3/3 ver-

zichtet werden und bis 1966 waren alle »Tigerlis« aus dem aktiven Rangierdienst der SBB verschwunden. Die beliebten und wendigen Lokomotiven waren beim Personal beliebt und auch einfach zu bedienen. Bis heute haben 21 Lokomotiven dieser Serie überlebt, viele davon sind bei Museumsbahnen noch in Betrieb. Einige der E 3/3-Lokomotiven konnten nach ihrer Ausrangierung noch an Firmen verkauft wer-

Betriebsnummern	8451 – 8533
ursprüngliche Anzahl	83
Baujahr	1902 – 1916
Dienstleistung	500 PS
Erbauer	SLM
Länge über Puffer	8455 mm
Dienstgewicht	35 t
Vmax	45 km/h
Spurweite	1435 mm

Die Lok bei den Vereinen	
8463	SLM 1623, 1904, Club del San Gottardo (Mendrisio / Biasca), betriebsfähig
8474	SLM 1805, 1907, Locorama Romanshorn, außer Betrieb
8476	SLM 1807, 1907, DVZO E 3/3 10, (Bauma / Uster) betriebsfähig
8479	SLM 1810, 1907, Sursee – Triengen – Bahn (ST) E 3/3 5, Triengen, betriebsfähig
8481	SLM 1877, 1907, Brauerei Feldschlösschen Rheinfelden, Denkmal
8483	SLM 1879, 1907, Oensingen-Balsthal-Bahn OeBB, Balsthal, außer Betrieb
8485	SLM 1881, 1907, HEG / SBB Historic, Delemont, betriebsfähig
8487	SLM 1967, 1909, SBB Historic, Denkmal Buchs SG (Bahnhof SBB)
8492	SLM 1972, 1909, Papierfabrik Perlen, Verein Dampfgruppe Zürich, betriebsfähig
8494	SLM 1974, 1909, Verein CTVJ, Le Pont, betriebsfähig
8500	SLM 2075, 1910, Oensingen-Balsthal-Bahn OeBB, Balsthal, außer Betrieb
8501	SLM 2076, 1910, Club del San Gottardo (Mendrisio / Biasca), betriebsfähig
8507	SLM 2130, 1910, Conifer, Les Hopitaux - Neuf, ex Denkmal Sierre / Siders
8511	SLM 2134, 1911, Vapeur Val-de-Travers VVT, St-Sulpice NE, betriebsfähig
8512	SLM 2135, 1911, SBB Historic, Rotonde St-Maurie, außer Betrieb
8516	SLM 2139, 1911, in Privatbesitz, in Zürich eingestellt, äußere Aufarbeitung
8518	SLM 2341, 1913, DVZO (Bauma / Uster) betriebsfähig
8522	SLM 2345, 1913, Sursee-Triengen-Bahn (ST), Triengen, betriebsfähig
8523	SLM 2503, 1915, Verein CTVJ, Le Pont, betriebsfähig
8527	SLM 2507, 1915, in Privatbesitz Mainstation 1901 Chur, außer Betrieb
8532	SLM 2544, 1915, Kandertalbahn (D), Kandern (D), außer Betrieb

den, wo sie noch lange als Werklokomotiven im Einsatz standen und erst danach zu Vereinen gelangten.

Nicht alle E 3/3 Lokomotiven, die sich heute bei Vereinen befinden, tragen noch das schwarze Farbkleid. Eine Lokomotive ist braun gestrichen, anderen tragen ein grünes Führerhaus oder ein rotes Laufwerk. Die beiden Lokomotiven 8516 und 8527 haben eher durch Zufall überlebt. Im Jahr 1959 gedrehten Schweizer Filmklassiker »Hinter den sieben Geleisen« sind beide Lokomotiven mehrmals zu sehen, weshalb sie von Privatpersonen übernommen wurden. Baugleiche und ähnliche Lokomotiven wurden zahlreich direkt an Firmen oder ins Ausland geliefert. Auch davon ist noch ein Teil erhalten geblieben.

E 3/3 16388 – VVT

1942 wurde diese dreiachsige Dampflok durch Krauss Maffei, München, als Werklokomotive nach Österreich geliefert, wo sie bei den Aluminium- und Metallwerken Ranshofen in Braunau am Inn eingesetzt wurde. Baugleiche Loks wurden an andere Firmen in Österreich geliefert. Der 1985 gegründete Verein »Vapeur Val-de-Travers« (VVT) war auf der Suche nach einer Dampflokomotive und konnte nach längeren Verhandlungen diese Lok übernehmen. 1986 kam die E 3/3 16388 in die Schweiz und es wurde sogleich mit der Revision begonnen. Bereits im Jahr 1987 konnte die Lokomotive ein erstes Mal in Betrieb genommen werden und war auch 1988 Gast an der Rail in 88 in Interlaken, zum 75-jährigen Jubiläum der Bern-Lötschberg-Simplon-Bahn (BLS). Seither wird die

Lok für Dampfzüge an öffentlichen Fahrtagen zwischen Travers und St-Sulpice NE eingesetzt, kam aber auch gelegentlich bis nach Neuchâtel. Bei der Nummer 16388 handelt es sich eigentlich um die Fabriknummer der Lok. Stationiert ist die Lok im Depot des VVT in St-Sulpice NE.

Betriebsnummern	16388
ursprüngliche Anzahl	div.
Baujahr	1942
Erbauer	Krauss Maffei, München
Dienstleistung	400 PS
Länge über Puffer	9400 mm
Dienstgewicht	43,8 t
Vmax	45 km/h
Spurweite	1435 mm

E 4/4 16 »Slask« – VVT

Von 1950 bis 1963 baute der polnische Lokhersteller Fablok Chrzanów 390 vierachsige Dampflokomotiven. Die meisten davon gingen an Industrie- und Werkbahnen. Keine dieser Dampflokomotiven war je für die polnischen Staatsbahnen (PKP) im Einsatz. Eine weitere Serie von 90 Lokomotiven wurde nach 1960 und 1961 nach China geliefert. In Polen selber standen einige dieser »Slask« genannten Lokomotiven bei Firmen bis Mitte der 1990er Jahre im Werkverkehr im Einsatz. Diverse Lokomotiven sind in Polen erhalten geblieben. Neun Lokomotiven dieses Typs wurden zwischen 1989 und 1996 ins Ausland verkauft, u.a. nach Belgien, in die Niederlande, nach Deutschland und auch nach Großbritannien. Die Lok mit der Fabriknummer 2667 stand bis 1991 in einem Kohlebergwerk in Czestochowa im Einsatz. 1993 bis 1995 wurde sie rund um Pila eingesetzt, ehe sie 1996 in die Schweiz kam. Der Vapeur Val-de-Travers VVT überführte die Lok, welche sich in gutem Zustand befand, in die Schweiz und führte Dampfzüge zwischen St-Sulpice NE und Travers. Zurzeit ist sie nicht betriebsfähig in St-Sulpice NE eingestellt. Im Gegensatz zu den anderen Lokomotiven dieser Serie erhielt die E 4/4 Slask mit der Nummer 16 beim VVT ein drittes Spitzenlicht.

Betriebsnummern	div.
ursprüngliche Anzahl	390
Baujahr	1952
Erbauer	Fablok Chrzanów
Dienstleistung	800 PS
Länge über Puffer	10980 mm
Dienstgewicht	66 t
Vmax	50 km/h
Spurweite	1435 mm

Eb 2/4 JS A 35 – SBB Historic

Für diverse Vorgängerbahnen der heutigen SBB lieferten Firmen wie Krauss, SLM, SACM oder auch Esslingen sechs verschiedene Dampflokserien mit der Bezeichnung Eb 2/4. Erbaut wurden sie in der Zeitspanne von 1882 bis 1924. Es gab aber innerhalb dieser sechs Fahrzeugserien größere Unterschiede. Für die JS (Jura-Simplon-Bahn) wurden zwischen 1880 und 1892 26 Lokomotiven erbaut, welche die Nummern 17 – 42 erhielten, bei den SBB dann die Bezeichnung Eb 2/4 5451 – 5476. Haupteinsatzgebiet waren sogenannte »Tramwayzüge« in der Westschweiz. Bis 1947 schließlich schieden alle 26 Maschinen aus dem Dienst und bis auf die 5469 wurden alle abgebrochen. Die Lok stand viele Jahre in Vallorbe abgestellt, ehe 1971 mit der Aufarbeitung wieder begonnen und 1973 abgeschlossen wurde. Neben vielen Einsätzen in der Schweiz war die Lok auch an Anlässen in Deutschland und Frankreich zu sehen. In den 1990er Jahren wurde die Lok wieder außer Betrieb gesetzt, im ehemaligen SBB Depot Basel eingestellt und

anschließend zerlegt. Nach Jahren der Ungewissheit über die Zukunft der Lok machte man »Nägel mit Köpfen«. Dank dem unermüdlichen Einsatz und genialem Fachwissen der Dampfgruppe Balsthal konnte im Jahr 2006 die tadellos aufgearbeitete Eb 2/4 5469, mit ihrer ursprünglichen Nummer JS A 35, wieder in Betrieb genommen werden. Seither wird die historisch sehr wertvolle Lok mit der Fabriknummer 2498 von Balsthal aus für Extrazüge und Anlässe eingesetzt.

Betriebsnummern	17 – 42 (JS) / 5451 – 5476 (SBB)
ursprüngliche Anzahl	26
Baujahr Lok 5469	1891
Erbauer	MF Esslingen
Dienstleistung	550 PS
Länge über Puffer	10230 mm
Dienstgewicht	49,1 t
Vmax	75 km/h (rückwärts 60 km/h)
Spurweite	1435 mm

Eb 3/5 6, 9 – CSG, DLC

Wegen zu großer Preisdifferenz bestellte die damalige Bodensee-Toggenburg-Bahn (BT, heute Schweizerische Südostbahn) neun Tenderlokomotiven nicht bei der SLM, sondern bei der Firma J.A. Maffei (München, D), die sie als Eb 3/5 mit den Betriebsnummern 1 – 9 rechtzeitig zur Eröffnung im Jahr 1910 auslieferte. Die formschönen Lokomotiven mit ihrer Höchstgeschwindigkeit von 75 km/h überzeugten und erledigten den Personen- und Güterverkehr zuverlässig auf den Linien der BT. Als dann im Jahr 1932 die BT ihre Linien elektrifizierte, konnten die neun Lokomotiven an die SBB verkauft werden, welche sie mit den Nummern 5881 – 5889 weiter auf dem gesamten SBB-Netz zur Zufriedenheit des Personals einsetzte. Zwischen 1959 und 1965 wurden alle neun Lokomotiven ausrangiert. Der Nachwelt erhalten geblieben sind die Eb 3/5 6 und 9. Die Lokomotiven tragen die Fabriknummern 3126 (6) und 3129 (9). Die Eb 3/5 6 gelangte nach ihrer Ausrangierung bei der SBB zurück an die BT (1965), die sie restaurierte, um sie am Bahnhof Degersheim an der BT-Strecke Romanshorn – Wattwil als Denkmal aufzustellen. Die Lokomotive ging dann im Jahr 2004 in den Besitz des Club del San Gottardo (CSG) über, der die Lokomotive nach erfolgter Wiederaufbereitung wieder in Betrieb setzen will. Der Kessel kam 2015 von einer auf solche Arbeiten spezialisierter Firma in Italien wieder zurück. Als zweite erhalten gebliebene Lok ist die Eb 3/5 9 noch in Betrieb. Nach ihrer Ausrangierung bei der SBB ging diese Lok ebenfalls zurück in die Ostschweiz und wurde vom Dampfloki Club Herisau (DLC) gekauft, der diverse Extrazüge aber auch öffentliche Fahrten mit dem bekannten »Amor-Express« auf den BT-Linien durchgeführt hat. Die Lokomotive war jahrelang in Herisau stationiert, ist aber heute in Bauma beheimatet. Da die Eb 3/5 9 mit den neuesten Sicherheitsvorrichtungen ausgerüstet ist, kann sie bis auf einige Ausnahmen schweizweit eingesetzt werden. Innerhalb dieser Bauserie gab es einige kleine Unterschiede. Die Lokomotiven sind stark mit den Eb 3/5 5801 – 5834 der SBB verwandt.

Betriebsnummern	1 – 9
ursprüngliche Anzahl	9
Baujahr Lok 6 und 9	1910
Erbauer	J.A. Maffei, München
Dienstleistung	1000 PS
Länge über Puffer	12320 mm
Dienstgewicht	74,4 t
Vmax	75 km/h
Spurweite	1435 mm

Eb 3/5 5810, 5811 und 5819 – SBB Historic / DBB

Die SBB bestellte bei der SLM insgesamt 34 Tenderlokomotiven für die immer schwerer und zahlreicher werdenden Vorortzüge. Die formschönen Dampflokomotiven, die zwischen 1911 und 1916 ausgeliefert wurden, erhielten die Bezeichnung Eb 3/5 und die Betriebsnummern 5801 – 5834. Den Lokomotiven gab man den Übernamen »Habersack« und sie konnten dank je einer Laufachse vorne und hinten in beide Fahrtrichtungen gleich schnell verkehren. So konnten sie sich vor allem im Pendelbetrieb nützlich machen. Nach der fortschreitenden Elektrifikation wurden sie auf Nebenlinien verdrängt oder führten Züge auf der heute nicht mehr existierenden Linie von Nyon nach Divonne-les-Bains (F), die nie elektrifiziert wurde. Ab den 1950er Jahren wurden sie vermehrt im Rangierdienst auf Großbahnhöfen eingesetzt. Erst 1950 wurde die erste Lok ausrangiert, bis 1966 waren sie dann aber alle aus dem Dienst geschieden. Drei Eb 3/5 blieben der Nachwelt erhalten: Die 5810 (Fabriknummer 2211) kam auf Umwegen (via Mittelthurgaubahn MThB) zum Verein Dampfbahn Bern (DBB), wo sie mustergültig aufgearbeitet wurde und gelegentlich für Extrafahrten oder andere Anlässe ausgefahren wird. Die 5811 (Fabrik-

nummer 2212) stand von 1966 – 1974 in Baden als Denkmal, danach bis 2012 mit grünem Schutzanstrich in einem Lokschuppen in Glarus. Zurzeit wird die Lok durch die Dampfgruppe Zürich in Brugg AG aufgearbeitet und soll in nächst absehbarer Zeit wieder in Betrieb kommen. Und die 5819 (Fabriknummer 2220) schließlich gehört zum aktiven Bestand der SBB Historic in Brugg AG und wird für Extrafahrten eingesetzt. Die Firma Maffei baute neun relativ ähnliche Loks für die ehemalige Bodensee-Toggenburg-Bahn (Eb 3/5 1 – 9), wovon heute noch zwei Lokomotiven vorhanden sind. Bei der SBB gab es noch zwei andere Baureihen mit der Bezeichnung Eb 3/5, die aber schon länger nicht mehr existieren.

Betriebsnummern	5801 – 5834
ursprüngliche Anzahl	34
Baujahr Loks 5810, 5811, 5819	1911, 1912, 1912
Erbauer	SLM
Dienstleistung	1000 PS
Länge über Puffer	12740 mm
Dienstgewicht	74 – 75 t
Vmax	75 km/h
Spurweite	1435 mm

Eb 4/6 188 – VVT

Ab 1950 bis 1957 baute der polnische Lokhersteller Poznan Fablok in Chrzanów 191 Lokomotiven für die polnischen Staatsbahnen PKP plus 18 Werklokomotiven. Die Lokomotiven waren eigentlich ursprünglich für den schnellen Vorortsverkehr gedacht, erwiesen sich aber wegen ungenügender Leistungen als nicht geeignet. Die Lokomotiven kamen deshalb auf den typischen Mittelgebirgsstrecken zum Einsatz. Sie eigneten sich auch besonders auf Nebenlinien, da sie vor- wie rückwärts mit derselben Maximalgeschwindigkeit verkehren konnten. Die Lokomotiven haben vier Antriebsachsen und an beiden Fahrzeugenden je eine Laufachse. Viele der Lokomotiven sind in Polen bis Ende der 1980er Jahre im Einsatz gestanden. Mit der Schließung diverser Strecken verloren die Dampflokomotiven ihr typisches Arbeitsfeld und wurden überflüssig. Die als TKt 48 bezeichneten Lokomotiven trugen die Nummern 1 – 191. Die Lok 188, in der Schweiz als Eb 4/6 bezeichnet,

kam 2004 zur Westschweizer Museumsbahn Vapeur Val-de-Travers (VVT) und konnte noch im selben Jahr die ersten Einsätze zwischen Fleurier und St-Sulpice NE leisten. Sie trägt die Fabriknummer 4731. Derzeit ist sie nicht betriebsfähig in St-Sulpice NE abgestellt. In Polen selber sind noch rund zehn Lokomotiven dieses Typs erhalten, die meisten davon als Denkmalfahrzeuge. Ebenfalls je eine TKt 48 ist in Deutschland (Hanau) und in Belgien noch vorhanden.

Betriebsnummern	1 – 191
ursprüngliche Anzahl	191
Baujahr	1956
Erbauer	Fablok Chrzanów
Dienstleistung	1068 PS
Länge über Puffer	14200 mm
Dienstgewicht	98 t
Vmax	80 km/h
Spurweite	1435 mm

Ec 2/5 28 – SBB Historic

Die Maschinenfabrik Esslingen baute zwischen 1955 und 1958 insgesamt 26 solcher Dampflokomotiven mit offenem Führerstand, die an die damalige Schweizerische Centralbahn (SCB) geliefert wurden. Die Fahrzeuge trugen die Betriebsnummern 1 – 14 sowie 27 – 38 und wurden aber bereits, nach dem modernere und leistungsfähigere Dampfloks in Betrieb genommen wurden, bis 1906 ausrangiert. Die Verstaatlichung der SCB zu den Schweizerischen Bundesbahnen (SBB) erlebten nur noch fünf der ursprünglich 26 Lokomotiven und trugen damals die SBB-Nummern 6695 – 6699. Bis heute ist die Ec 2/5 28 mit dem Namen »Genf« (Fabriknummer 396) erhalten geblieben. Sie wurde allerdings bereits 1897 ausrangiert und überlebte als Dampferzeuger der SCB Werkstätte in Olten. Zwischendurch wurde der Führerstand der Lok mit einem Dach ausgestattet, das aber 1947 wieder entfernt wurde. Nach ihrer Funktion als Dampferzeuger wurde die Lok in St-Maurice eingestellt. Erst 1958, sie war damals genau 100 Jahre alt, wurde die Lok wieder reaktiviert und für das Jubiläum der Hauensteinstrecke, wo sie damals ihre Karriere begann, eingesetzt. 1959 war sie nochmals in Betrieb und wurde dann ins Verkehrshaus der

Schweiz (VHS) in Luzern überstellt. Die »Genf« war aber zwischendurch immer wieder mal in Betrieb, so z.B. 1978 oder 1990. Danach wurde es ruhiger um die Ec 2/5 28. Aber im Jahr 2009 wurde die Lok wieder betriebsfähig hergerichtet und durfte an den Festlichkeiten im Bahnhof Koblenz teilnehmen. Danach war sie längere Zeit in Brugg AG stationiert und war immer wieder mal Gast an Anlässen oder Jubiläen. Heute genießt das älteste Triebfahrzeug der Schweiz wieder ihren Lebensabend im Verkehrshaus und ist im Besitz der SBB Historic. Die 26 Dampflokomotiven des Typs Ec 2/5 waren die einzigen für die Schweiz gebauten Loks mit dieser Achsfolge.

Betriebsnummern	1 – 14, 27 – 38
ursprüngliche Anzahl	26
Baujahr	1858
Erbauer	Esslingen
Dienstleistung	400 PS
Länge über Puffer	9540 mm
Dienstgewicht	47 t
Vmax	55 km/h (rückwärts 25 km/h)
Spurweite	1435 mm

Ec 3/3 5 – BLS Stiftung

Für Schweizerische Verhältnisse relativ spät, im Jahr 1936, wurde diese interessant aussehende Dampflokomotive durch die SLM gebaut und mit der Fabriknummer 3610 als Ec 3/3 5 an die Huttwil-Wolhusen-Bahn (HWB) geliefert. Auffällig an den auch als Motorlokomotiven bezeichneten Fahrzeugen ist der Kastenaufbau. Die Ec 3/3 5 stand bis zur Elektrifikation der Vereinigten Huttwil-Bahnen VHB, welche 1945 und 1946 vollzogen wurde, im Einsatz und konnte dann 1947 an die Sulzer AG in Winterthur als Werklokomotive verkauft werden, wo sie bis 1970 im Werk fürs Manöver eingesetzt wurde. Danach stand sie an diversen Orten im Einsatz: Im Jahr 1972 Extrazüge auf dem Netz der VHB, musste sie anschließend abgestellt werden und wurde äußerlich aufgearbeitet. 1982 wurde sie im Verkehrshaus der Schweiz in Luzern (VHS) ausgestellt. Im Jahr 1997 wurde die Lok wieder reaktiviert und führte von

1998 bis 2004 von Huttwil aus auf verschiedenen Linien Dampfzüge. Ab 2005 bis 2014 war der Einzelgänger in Erstfeld beheimatet und führte Besucherzüge zur nahen NEAT-Baustelle. Seit 2015, die Lok ist unterdessen im Eigentum der BLS-Stiftung, wird sie wieder von Huttwil aus für Dampfzüge eingesetzt oder nimmt an lokalen Anlässen teil. Die Lok kann auch nur von einer Person bedient werden.

Betriebsnummer	5
ursprüngliche Anzahl	1
Baujahr	1936
Erbauer	SLM
Dienstleistung	600 PS
Länge über Puffer	9120 mm
Dienstgewicht	40,5 t
Vmax	60 km/h
Spurweite	1435 mm

Ec 3/5 3 – VhMThB

Ende 1911 wurde die Mittelthurgaubahn (MThB) eröffnet und 1912 lieferte die SLM vier Dampflokomotiven des Typs Ec 3/5, die die Betriebsnummern 1 – 4 erhielten. Die Lokomotiven besaßen drei angetriebene Achsen sowie je eine Laufachse vorne und hinten. Die Dampflokomotiven trugen die Hauptlast des Verkehrs zwischen Will, Weinfelden und Kreuzlingen, bis ab 1951 drei Dieseltriebwagen geliefert wurden, die die Dampflokomotiven in den Güterzugdienst verdrängten. 1965 wurde die damalige MThB elektrifiziert, was dann schlussendlich das definitive Aus für die Dampflokomotiven bedeutete. 1966 wurden drei von vier Lokomotiven abgebrochen. Bis heute überlebt hat die Ec 3/5 3, die noch 1965 den Kessel der Lok 4 erhalten hatte. Die Lokomotive verblieb noch bei der ehemaligen Mittelthurgau-Bahn und wurde gelegentlich für Dampfzüge eingesetzt. Ende 2002 wurde die Lokomotive zum Verkauf ausgeschrieben. Vier

Privatpersonen gründeten den »Verein historische Mittelthurgaubahn« (VhMThB) und konnten die Ec 3/5 3 übernehmen. Heute ist sie betriebsbereit in Romanshorn stationiert und führt gelegentlich Extrazüge oder war schon an Fahrzeugtreffen oder Bahnjubiläen zu Gast. Die Fabriknummer der Ec 3/5 3 ist 2263. Bleibt noch zu erwähnen, dass im Jahr 1932 die Höchstgeschwindigkeit von 50 km/h auf 60 km/h erhöht werden konnte.

Betriebsnummern	1 – 4
ursprüngliche Anzahl	4
Baujahr Lok 3	1912
Erbauer	SLM
Dienstleistung	600 PS
Länge über Puffer	10400 mm
Dienstgewicht	52,4 t
Vmax	60 km/h
Spurweite	1435 mm

Ec 4/5 11 - BLS

1911 lieferte die SLM diese formschöne Dampflok an die damalige Solothurn-Moutier Bahn (SMB, heute BLS), um auf der steigungsreichen Strecke mehr Last als mit den schwächeren Ed-3/4-Lokomotiven befördern zu können. Die Lokomotive überzeugte vollends und sie stand bis 1932 im unermüdlichen Einsatz, ehe die Strecke elektrifiziert wurde. Fortan übernahmen die elektrischen Lokomotiven des Typs Be 4/4 die Hauptlast des Verkehrs und die Ec 4/5 11 wurde in die Reserve verdrängt. Gelegentlich wurde sie noch als fahrdrahtunabhängige Reserve betriebsbereit gehalten oder führte Bauzüge. Zum 50-jährigen Jubiläum der Strecke im Jahr 1958 wurde sie nochmals für einige Extrazüge eingesetzt, dann aber abgestellt. Von 1967 bis 1986 stand sie am Bahnhof Oberdorf (SO) auf einem Sockel als Denkmal. Dank dem Verein Dampfbahn Bern, dem es gelingt, die Finan-

zierung für eine Wiederinbetriebnahme zu sichern, konnte die Lok 1992 nach Meiningen (D) überführt werden und wurde dort mustergültig aufgearbeitet. Von 1992 bis 2012 führt diese Nassdampf-Tenderlokomotive zahlreiche Extrazüge. Da aber eine Hauptrevision fällig ist, steht die Lok in nicht betriebsfähigem Zustand in Konolfingen abgestellt. Die Fabriknummer der Lok ist 2160.

Betriebsnummer	11
ursprüngliche Anzahl	1
Baujahr	1911
Erbauer	SLM
Dienstleistung	1250 PS
Länge über Puffer	11960 mm
Dienstgewicht	74,7 t
Vmax	65 km/h
Spurweite	1435 mm

Ed 2x 2/2 196 – SBB Historic

Die Firma Maffei aus München stellte zwischen 1891 und 1893 insgesamt 16 Dampflokomotiven Bauart »Mallet« für die damalige Schweizerische Centralbahn (SCB) her. Sie erhielten die Nummern 7681 – 7696. Nach der Verstaatlichung der zahlreichen Bahngesellschaften zur SBB im Jahr 1902 wurden die Lokomotiven in Ed 2x 2/2 181 – 196 umnummeriert. Ihr erstes Einsatzgebiet war die alte Hauenstein Linie Sissach – Olten, später wurden sie aber auch vor schwereren Güterzügen eingesetzt. Einige dieser Tenderlokomotiven wurden noch an Privatbahnen ausgeliehen (die 196 z.B. an die Le Pont-Le Brassus-Bahn (PBr), doch bis 1938 waren alle Mallet-Dampflokomotiven dieser Serie ausrangiert worden. Zum Glück wurde die Lok 196 nicht wie ihre Schwestern abgebrochen, sondern war gut 20 Jahre lang in Villeneuve abgestellt, ehe sie 1958 wieder fit gemacht wurde. 1959 fand sie dann im neu eröffneten Verkehrshaus der Schweiz in Luzern (VHS) eine vorübergehen-

de Bleibe. Nach gelegentlichen Einsätzen konnte die Ed 2x 2/2 196 im Jahr 1992 von der Dampflokgruppe der Oensingen-Balsthal-Bahn (OeBB) revidiert werden und wird seither für Extrafahrten eingesetzt. Sie war seither an diversen Jubiläen und Anlässen zu Gast. Die in Balsthal stationierte Dampflok trägt die Fabriknummer 1710, wird durch die Dampfgruppe der OeBB betreut, ist aber im Besitz der SBB Historic.

Betriebsnummern	181 – 196 (zuvor 7681 – 7696)
ursprüngliche Anzahl	16
Baujahr Lok 196	1893
Erbauer	Maffei, München
Dienstleistung	700 PS
Länge über Puffer	10400 mm
Dienstgewicht	59 t
Vmax	55 km/h
Spurweite	1435 mm

Ed 3/3 Muni –
Verein Dampflok Muni

1922 lieferte die Aktiengesellschaft für Lokomotiven Hohenzollern in Duisburg drei dreiachsige Dampflokomotiven an die BASF (Badische Anilin und Sodafabrik) nach Ludwigshafen, wo sie als Werklokomotiven »BASF 59 – 61« eingesetzt wurden. Dort stand sie bis 1959 mit ihren Schwestern im Einsatz, ehe sie an die Rheinische Braunkohlewerke in Neurath verkauft werden konnte. Bis sie 1971 abgestellt wurde, stand sie u.a. noch bei der Brikettfabrik in Weisweiler (unweit von Aachen) im Einsatz, wohin sie auf der Straße transportiert wurde. 1973 wurde die Lok geschleppt in die Schweiz überführt und in Schlieren aufgestellt. Die Lok wurde dann 1981 von einer Privatperson übernommen und in der ehemaligen Werkstatt von Oswald Steam Samstagern (OSS) wieder betriebsfähig aufgearbeitet. Ab 1986 stand die nun als Ed 3/3 bezeichnete Lok gelegentlich auf der Südostbahn (SOB) vor Bauzügen oder auf der Sihltal-Zürich-Uetlibergbahn (SZU) für Dampfextrazüge im Einsatz. 1999 gelangte die Lok nach Bodio (Tessin) und führte bis 2001 im ehemaligen Areal des Monteforno-Stahlwerks Dampffahrten durch.

2002 schließlich gelangte die Ed 3/3 wieder zurück in die Deutschschweiz und konnte vom »Verein zum Erhalt der Dampflok Muni« übernommen werden. Sie fand in Etzwilen eine neue Bleibe und führt seither Dampfzüge auf der ehemaligen SBB-Strecke Etzwilen – Rielasingen (D). Die Lok trug während ihrer Zeit in Deutschland verschiedene Nummern wie z.B. 60, 6 und 327. Die Fabriknummer der Lok ist 4268, wobei der Rahmen von der Lok 4267 stammt, da innerhalb der BASF bei den Lokomotiven gelegentlich Teile und Baugruppen ausgetauscht wurden. Die beiden anderen ehemaligen BASF-Lokomotiven dürften nicht mehr existieren.

Betriebsnummern	BASF 59 – 61
ursprüngliche Anzahl	3
Baujahr	1922
Erbauer	Hohenzollern
Dienstleistung	ca. 450 PS
Länge über Puffer	9350 mm
Dienstgewicht	46 t
Vmax	45 km/h
Spurweite	1435 mm

Ed 3/3 3 – BLS

Die SLM lieferte 1900 und 1901 vier dreiachsige Dampflokomotiven an die damalige GBS (Gürbetal-Bern-Schwarzenburg-Bahn, heute BLS). Die Lokomotiven erhielten die Bezeichnung Ed 3/3 1 – 4, wurden aber bereits 1907 in 75 – 78 umnummeriert. Die doch eher kleineren Lokomotiven stießen auf den Bahnlinien von Bern nach Schwarzenburg und auf der Linie nach Thun (via Belp) schnell an ihre Grenzen und wurden später ins Simmental (Linie Spiez – Zweisimmen) versetzt. Die Loks 1 und 2 verblieben bis 1943 bei der heutigen BLS und wurden für den Rangierdienst eingesetzt. Mit der Inbetriebnahme der Ee 3/3 401 wurden beide Loks überflüssig und danach abgebrochen. Lok 4 diente von 1920 bis 1962 als Werklokomotive bei der Firma Sulzer in Winterthur und wurde danach ebenfalls verschrottet. Erhalten geblieben ist die ehemalige Lok 3. Seit 1926 stand sie als Werklokomotive mit der Nummer 26 bei der Firma Cellolose bis 1972 in Attisholz im Einsatz und stand dann längere Zeit in einem Schuppen abgestellt. Die BLS übernahm die Lok

später wieder und setzte sie nach einer gründlichen Aufarbeitung im Jahr 1988 zum 75-Jahr-Jubiläum der Bahn wieder in Betrieb. Heute wird die Lok (als Dauerleihgabe der BLS) vom Verein Dampfbahn Bern betreut und ist in Konolfingen stationiert. Zurzeit ist sie nicht betriebsfähig. Die Ed 3/3 3 wurde 1901 erbaut und ihre Fabriknummer ist SLM 1332. Bei der Beschaffung damals kostete sie knapp Fr. 44'000.--. Ähnliche Lokomotivtypen kamen damals in der Schweiz in größerer Anzahl schweizweit zum Einsatz.

Betriebsnummer	1 – 4
ursprüngliche Anzahl	4
Baujahr Lok 3	1901
Erbauer	SLM
Dienstleistung	500 PS
Länge über Puffer	8440 mm
Dienstgewicht	32,8 t
Vmax	44 km/h
Spurweite	1435 mm

Ed 3/3 3 – EB

Die SLM lieferte zwischen 1874 und 1892 vier dreiachsige Dampflokomotiven des Typs Ed 3/3 an die damalige Emmentalbahn, um zwei kleinere Dampflokomotiven zu unterstützen. Die vier Lokomotiven mit den Betriebsnummern 1 – 4 erledigten zuverlässig ihre Dienste. Schon 1919 wurden die ersten beiden Lokomotiven nach Italien verkauft, wo sie vermutlich bis Ende der 1930er Jahre noch existierten. Lok 3 (ab 1909 mit neuem Kessel) und 4 verblieben noch auf der EB. Mit der Elektrifizierung der EB konnte aber auch auf die beiden Lokomotiven verzichtet werden und sie wurden 1933 ausrangiert. Lok 4 kam noch für eine kurze Zeit als Werklok im Schlachthofareal in Zürich zum Einsatz, wurde dann aber 1935 abgebrochen. Bis heute überlebt hat Lok 3 (Fabriknummer 229), die den Namen »Langnau« trägt. Sie war nach ihrer Ausrangierung an diversen Orten wie Biberist, Moutier oder auch Neuchâtel abgestellt. 1960 wurde an der Lok noch eine Druckprobe durchgeführt,

1965 wurde sie durch die SBB Hauptwerkstätte instand gestellt. Seit 1980 ist sie im Verkehrshaus der Schweiz (VHS) in Luzern zu bewundern. Mit dem Baujahr 1881 gehört die zu den ältesten, noch existierenden Dampfloks in der Schweiz. Da die Lok immer geschützt in der Halle stand, ist ihr Zustand sehenswert und der grau gestrichene Kessel passt bestens zum schwarzen Führerhaus. Die Lok trug auch Spitznamen wie z.B. »Emmenschnecke« oder »Spinnräderlok«.

Betriebsnummern	1 – 4
ursprüngliche Anzahl	4
Baujahr Lok 3	1881
Erbauer	SLM
Dienstleistung	?
Länge über Puffer	8530 mm
Dienstgewicht	30,6 t
Vmax	45 km/h
Spurweite	1435 mm

Ed 3/3 401 – DVZO

1901 erhielt die ehemalige Schweizerische Nordostbahn (NOB) von der SLM zwei dreiachsige Dampflokomotiven für die Strecke von Uerikon nach Bauma. Sie entsprechen in ihrer Bauart weitgehend den NOB E 3/3 453 – 461 (später SBB 8551 – 8559) und erhielten die Nummern 401 und 402. Als die ehemalige Uerikon-Bauma-Bahn (UeBB) 1905 zum Selbstbetrieb überging, behielten die beiden Lokomotiven ihre Nummern. Beide Maschinen erwiesen sich als robust und zuverlässig. 1944 wurde die UeBB eingestellt und die Lokomotiven damit arbeitslos. Im selben Jahr konnte die Lok 401 (Fabriknummer 1387) an das Gaswerk St. Gallen in Horn verkauft werden, wo sie bis 1969 verkehrte und anschließend von einer Privatperson übernommen wurde. 1979 ging sie in den Besitz des »Dampfbahn Verein Zürcher Oberland« (DVZO) über und konnte 1986 nach der erfolgten Aufarbeitung wieder in Betrieb genommen werden. Im Jahr

2001 mit einem Kesselschaden abgestellt, wurde die Lok von 2004 bis 2008 aufgearbeitet und erhielt u.a. einen neuen Kessel aus Tschechien. Seither dampft die in Uster stationierte Ed 3/3 401 wieder auf ihrer Stammstrecke zwischen Hinwil und Bauma, einem Teil der ehemaligen UeBB, durchs Zürcher Oberland. Lok 402 ging bei der Liquidation der UeBB an die SBB über, die sie dann 1950 ausrangierte und anschließend verschrottete.

Betriebsnummern	401 – 402
ursprüngliche Anzahl	2
Baujahr	1901
Erbauer	SLM
Dienstleistung	270 PS
Länge über Puffer	7242 mm
Dienstgewicht	28,9 t
Vmax	45 km/h
Spurweite	1435 mm

Ed 3/4 1 und 2 – DVZO, VHE

Rechtzeitig zur Eröffnung der Solothurn-Moutier-Bahn (SMB, heute ein Teil der BLS) baute die SLM drei Dampflokomotiven mit drei angetriebenen Achsen und einer vorgelagerten Laufachse. Die Lokomotiven mit den Fabriknummern 1798, 1799 und 1800 erhielten die Bezeichnung Ed 3/4 1 – 3. Die Lokomotiven trugen zusammen mit der Ec 4/5 11 die Hauptlast des Verkehrs auf dieser kurvenreichen Strecke. Im Jahr 1932 wurde die Linie elektrifiziert und zugkräftige Be-4/4-Lokomotiven übernahmen den Verkehr, womit auf die Dampflokomotiven verzichtet werden konnte. Die Ed 3/4 1 wurde 1934 an die Dreispitzverwaltung Basel verkauft und stand als Werklokomotive mit der Nummer 6 und dem Namen »Ruchfeld« im Einsatz. Ab 1945 war dann der neue Besitzer der Lok die Lonzawerke in Visp, wo sie als Werklok mit der Nummer 1 im Einsatz war, bevor sie 1965 für das Technorama reserviert wurde. Seit 1972 ist sie im Besitz des DVZO und trägt einen orangefarbenen Schutzanstrich. Lange war sie in Uster eingestellt, heute steht die nicht betriebsfähig Lok in einer Remise in Wald ZH. Die Ed 3/4 2 ging 1932 als Werklokomotive an das Gaswerk Zürich (Werklok 2), bevor sie 1946 an die heutige Ems Chemie verkauft wurde (ebenfalls als Werklok 2). 1973 wurde sie von zwei Privatpersonen erworben, die sie umfassend renovierten und so konnte sie ab 1985 wieder eingesetzt werden. 1996 wurde der Verein »Dampflokfreunde Langenthal« gegründet, dem auch die Lok übergeben wurde. 2013 wurde dieser Verein in den »Verein historische Emmentalbahn« VHE integriert und seither wird sie durch den Verein von Huttwil aus für Extrazüge und besondere Anlässe eingesetzt. Lok 3 wurde 1933 an die normalspurige Bulle-Romont-Bahn (heute TPF) verkauft und ging 1953 als Schrott nach Belgien.

Betriebsnummern	1 – 3
ursprüngliche Anzahl	3
Baujahre Lok 1 und 2	1907
Erbauer	SLM
Dienstleistung	500 PS
Länge über Puffer	9015 mm
Dienstgewicht	44,2 t
Vmax	55 km/h
Spurweite	1435 mm

Ed 3/3 2 – DVZO

Um der seit 1892 verkehrenden Schmalspur-linie von Saignelegier nach La Chaux-de-Fonds einen Anschluss zu bieten, wurde von Glovelier her nach Saignelegier 1904 eine normalspurige Privatbahn (Regional Saignelegier-Glovelier, RSG) eröffnet. Die SLM baute drei Dampflokomotiven des Typs Ed 3/4 1 – 3 für diese knapp 25 km lange Bahn. Später kamen noch zwei Dampftriebwagen hinzu, womit die Dampflokomotiven dann eher vor Güter- und schweren Personenzügen eingesetzt wurden. Die Fahrzeuge erledigten zuverlässig ihren Dienst, der Betrieb musste aber 1948 infolge schlechten Gleiszustandes eingestellt werden. Erst 1953 wurde er als Meterspurlinie wiedereröffnet. Damit verloren die Dampflokomotiven ihr Einsatzfeld und wurden veräußert. Lok 1 wurde 1952 an die Firma Sulzer in Winterthur verkauft. Sie diente dort noch als Werklokomotive bis 1957 und wurde dann verschrottet. Lok 3 wurde 1956 verschrottet. Erhalten geblieben ist

die Ed 3/4 2 mit der Fabriknummer 1489. Die Lok gelangte schon 1934 an die »Schwester-bahn« Porrentruy – Bonfol und stand dort bis 1949 im Einsatz. Danach ging sie ebenfalls zur Firma Sulzer ins Werk Oberwinterthur und stand dort als Werklok in Diensten. 1972 wurde sie vom damals noch jungen Dampfbahnbahn-Verein Zürcher Oberland (DVZO) übernommen und führt seither Dampfzüge zwischen Hinwil und Bauma. Die Lok ist in Bauma stationiert.

Betriebsnummern	1 – 3
ursprüngliche Anzahl	3
Baujahr	1903
Erbauer	SLM
Dienstleistung	500 PS
Länge über Puffer	8380 mm
Dienstgewicht	39,7 t
Vmax	45 km/h
Spurweite	1435 mm

Ed 3/4 11 – VHE

Die Nebenbahnen um Huttwil, die LHB (Langenthal-Huttwil-Bahn), die HWB (Huttwil-Wolhusen-Bahn) sowie die RSHB (Ramsei-Sumiswald-Huttwil-Bahn) beschafften bei der SLM fünf Dampflokomotiven, die sich allerdings in einigen Details unterschieden. Jedenfalls mussten sie mehr Leistung erbringen als die zuvor gelieferten E 3/3 Lokomotiven. Im Jahr 1908 erhielten die LHB mit der Ed 3/4 11 und die HWB mit der Ed 3/4 16 je eine Lok, die RSHB mit den Ed 3/4 21 – 23 drei Lokomotiven. Die RSHB verkaufte später ihre Ed 3/4 16 an die LHB, worauf diese als Ed 3/4 12 eingereiht wurde. Die Lokomotiven verrichteten zuverlässig ihre Dienste auf den Nebenbahnlinien um Huttwil. 1944 fusionierten diese drei Gesellschaften zu den Vereinigten Huttwil-Bahnen (VHB) und zwischen 1945 und 1946 wurde das ganze Netz elektrifiziert. Im selben Jahr wurden auch vier der fünf Dampflokomotiven ausrangiert und nach Frankreich verkauft, wo sie bis 1953 abgebrochen wurden. Die Ed 3/4 11 hielt sich noch bis 1949, wurde dann aber als Werklokomotive ins »von Roll Stahlwerk« nach Gerlafingen

verkauft, wo sie bis 1973 als Lok Ed 3/4 17 im Einsatz stand. Danach konnte sie von der Eurovapor Gruppe Huttwil übernommen werden und entging der drohenden Verschrottung. Ab 1977 bis 1981 führte sie regelmäßig Extrazüge in ihrer alten Heimat. Nach erfolgter Totalrevision konnte die Maschine 1984 wieder in Betrieb genommen werden und seit 1998 ist die formschöne Lok mit der Fabriknummer 1904 im Besitz des Vereins historische Eisenbahn Emmental (VHE), der die in Huttwil stationierte Lok auf ihren alten Heimatstrecken wieder einsetzt. Die VHB sind heute ein Teil der BLS Lötschbergbahn AG.

Betriebsnummern	11, 16, 21 – 23
ursprüngliche Anzahl	5
Baujahr Lok 11	1908
Erbauer	SLM
Dienstleistung	500 PS
Länge über Puffer	9020 mm
Dienstgewicht	39,4 t
Vmax	50 km/h
Spurweite	1435 mm

Ed 3/4 51 – Verein Lok 51

1907 wurde die Bern-Schwarzenburg-Bahn (BSB, heute BLS) eröffnet und erhielt rechtzeitig von der SLM drei Dampflokomotiven des Typs Ed 3/4 mit den Nummern 51 – 53. Die dritte Lokomotive folgte im Jahr 1908. Alle drei Lokomotiven trugen damals die Hauptlast des Verkehrs auf dieser Stichlinie, bis 1920 die Bahn elektrifiziert wurde und auf die Dampfloks verzichtet werden konnte. Alle drei dieser formschönen Dampflokomotiven wurden ausrangiert. Lok 52 ging 1926 an die Westschweizer Privatbahn Regional Val-de-Travers (RVT) und stand dort bis 1946 im Einsatz. Lok 53 wurde schon 1916 ausrangiert und nach Frankreich verkauft. Die Ed 3/4 51 mit der Fabriknummer 1726 konnte nach ihrer Ausrangierung 1932 an die Zementfabrik Wildegg verkauft werden und stand dort als Werklokomotive mit derselben Nummer 51 bis 1970 im Einsatz. 1972 wurde sie am Bahnhof Schwarzenburg als Denkmal aufgestellt und erinnerte bis 1998 an ver-

gangene Zeiten. Der Verein Lok 51 kümmerte sich liebevoll um die Lok und schließlich wurde die Idee laut, die Lok wieder aufzuarbeiten und in Betrieb zu nehmen. Dank der guten Zusammenarbeit mit dem Verein Dampfbahn Bern konnte die Lok wieder mustergültig aufgearbeitet werden und seit 2008 dampft die schmucke Lok wieder vor Extrazügen oder an Anlässen zur Freude des Publikums. Stationiert war sie längere Zeit in Burgdorf, heute ist sie in Konolfingen beheimatet.

Betriebsnummern	51 – 53
ursprüngliche Anzahl	3
Baujahr Lok 51	1906
Erbauer	SLM
Dienstleistung	500 PS
Länge über Puffer	8380 mm
Dienstgewicht	39,5 t
Vmax	45 km/h
Spurweite	1435 mm

Ed 4/5 8 – DBB

Ab 1899 lieferte die SLM vier Dampflokomotiven an die damalige Emmentalbahn (EB) und die Burgdorf-Thun-Bahn (BTB) mit der Bezeichnung Ed 4/5 5 – 8. Äußerlich waren die Lokomotiven gleich, wiesen aber sonst beträchtliche Unterschiede im technischen Bereich auf. Die Maschinen 5 und 6 wurden 1899 in Betrieb genommen, Lok 7 dann 1909 (ging als einzige Lok an die BTB) und schlussendlich noch Lok 8 im Jahr 1914. Die ersten drei Lokomotiven waren Sorgenkinder und erst nach diversen »Überholungen« liefen die Maschinen zuverlässiger. Die Ed 4/5 5 und 6 wurden 1933 ausrangiert und 1935 abgebrochen. Lok 7 wurde ebenfalls 1933 remisiert, erlebt aber nochmals einen zweiten Frühling, in dem sie zwischen 1943 und 1945 auf den Vereinigten Huttwil-Bahnen (VHB) eingesetzt wurde. 1954 ging sie noch als Werklokomotive an die von Roll-Werke in Gerlafingen, wurde aber dort nie eingesetzt und 1959 verschrottet. Bis heute erhalten geblieben ist die Ed 4/5 8 mit der Fabriknummer 2427. 1933, als die EB elektrifiziert wurde, konnte auf die Dampflok verzichtet werden und sie wurde abgestellt, aber vorläufig als »eiserne« Reserve behalten. 1948 erhielt sie durch die SLM selber eine gründliche Revision und kam in der Folge sogar noch zu sporadischen Einsätzen vor Bauzügen. 1965 war dann aber Schluss und die Lok wurde ausrangiert. Dem Verein Dampfbahn Bern (DBB) wurde sie 1972 geschenkt und so kam der noch junge Verein zu seiner ersten Dampflok, die er ab 1978 wieder auf dem ehemaligen EBT-Netz vor Dampfzügen einsetzte. 1995 verkehrte sie ein letztes Mal, ehe sie 1999 mit einem neuen Kessel wieder in Betrieb genommen werden konnte. Seit 2008 ist die heute in Konolfingen stationierte Lok aber abgestellt und wartet auf eine Hauptrevision.

Betriebsnummern	5 – 8
ursprüngliche Anzahl	4
Baujahr	1914
Erbauer	SLM
Dienstleistung	700 PS
Länge über Puffer	10840 mm
Dienstgewicht	56 t
Vmax	50 km/h
Spurweite	1435 mm

141 R 73, 568, 1207, 1244, 1332 – Verein Mikado, Privatbesitz

Von 1945 bis 1947 lieferten amerikanische und kanadische Hersteller insgesamt 1340 Dampflokomotiven nach nordamerikanischem Vorbild nach Frankreich, weil dort nach Kriegsende ein akuter Mangel an Lokomotiven herrschte. Die Lokomotiven erhielten den Spitznamen »Les Americaines«. 17 Lokomotiven kamen aber gar nie in Frankreich an: die 141 R 1220 – 1235 sowie die 1241 versanken beim Transport im Meer. Die zugkräftigen Lokomotiven verteilten sich über das ganze SNCF-Netz, wurden vor Personen- wie auch vor Güterzügen eingesetzt und prägten das Bild der französischen Staatsbahn der Nachkriegszeit wesentlich. Bis 1974 aber wurden dann die großen Dampflokomotiven ausrangiert. Diverse Lokomotiven, nicht nur in Frankreich, sind bis heute erhalten geblieben, einige davon sogar betriebsfähig. In die Schweiz verschlug es die 141 R 73, 568, 1207, 1244 und 1332. Außer der 141 R 1244, die dem Verein Mikado (Brugg AG) gehört, befinden sich die Loks in Privatbesitz. Die 141 R 73 und 1207 sind, teilweise zerlegt, in Winterthur eingestellt. Von der früher ebenfalls in Winterthur eingestellten 141

R 1332 sind nur noch einige Teile vorhanden. Die Lok 568 war früher in Schaffhausen stationiert, befindet sich aber heute in Vallorbe und wird, eher selten, für Extrazüge eingesetzt. Die 141 R 1244 ist beim Verein Mikado in besten Händen und ist öfters vor Extrazügen oder auch an besonderen Anlässen zu Gast. Diese imposanten Lokomotiven gehören zu den größten Dampfloks in der Schweiz. Die Fabriknummern der Lokomotiven sind 8939 (141 R 73), 72381 (141 R 568), 75016 (141 R 1207), 75053 (141 R 1244) sowie 2399 (141 R 1332).

Betriebsnummern	141 R 1 – 1340
ursprüngliche Anzahl	1340
Baujahr	1945 – 1947
Erbauer	Baldwin, Lima, Montreal und Canadian Locomotive Works
Länge über Puffer	24130 mm
Dienstleistung	2928 PS
Dienstgewicht	192 t
Vmax	100 km/h
Spurweite	1435 mm

241 A 65 – Verein 241 A 65

In den 1920er Jahren baute die Firm Fives-Lille zugkräftige Dampflokomotiven für die französische Ostbahn (EST), die sie u.a. für Schnellzüge auf der Strecke Paris – Belfort einsetzen sollte. 1926 wurde ein Prototyp mit der Nummer 41.001 ausgeliefert, der sich bewährte. Darauf wurden von 1930 – 1934 weitere 89 Lokomotiven gefertigt, die sich aber von dem Prototyp in einigen Details unterschieden. 40 Lokomotiven (241 002 - 041) gingen an die EST, die anderen 49 Lokomotiven an die ETAT. Die ETAT war aber mit ihren Lokomotiven nicht richtig glücklich und verkauft alle an die EST. Nach der Gründung der SNCF im Jahr 1938 übernahm die Staatsbahn alle 90 Lokomotiven und bezeichnete sie als 241 A 1 – 41 (ex EST) sowie 241 A 42 – 90 (ex ETAT). Die SNCF setzte die zugkräftigen Lokomotiven hauptsächlich auf den Schnellzuglinien ab Paris ein, wo sie sich gut bewähren konnten. 1960 bis 1965 wurden die Lokomotiven ausrangiert und die Dienste durch Diesellokomotiven übernommen. Zwei Lokomotiven sind erhalten geblieben: die 241 A 1, der Prototyp, steht im Eisenbahnmuseum Mulhouse. Die 241 A 65 diente noch einige Zeit als Heizlokomotive, bis sie von einer Schweizer Privatperson gekauft wurde. Ab 1978 stand sie nach einer »Kosmetikrevision« im Verkehrshaus der Schweiz (VHS) in Luzern ausgestellt. Ab 1996 wurde die Lokomotive im RAW Meiningen wieder aufgearbeitet und steht seit 1997 wieder für Extrafahrten im Einsatz. Die 241 A 65 gehört zu den größten, betriebsfähigen Dampflokomotiven in Europa. Sie ist in Full-Reuenthal stationiert und besitzt eine Zulassung für die Schweiz und für Deutschland. Sie trägt die Fabriknummer 4714 und wird vom Verein 241 A 65 betreut.

Betriebsnummern	241 A 1 – 241 A 90
ursprüngliche Anzahl	90
Baujahr	1931
Erbauer	Fives – Lille
Dienstleistung	3000 PS
Länge über Puffer	25960 mm
Dienstgewicht	197 t
Vmax	110 km/h
Spurweite	1435 mm

241 P 30 – VVT

Ab 1948 lieferte die Firma Schneider in Le Creusot bis 1952 insgesamt 35 Dampflokomotiven des Typs 241 P, die die Nummerierung 1 – 35 erhielten. Ihr Haupteinsatzgebiet war vor allem die Südostregion Frankreich, wo nach dem Zweiten Weltkrieg dringend zugkräftige Dampflokomotiven für Schnellzüge benötigt wurden. Sie konnten in der Ebene 750 t schwere Züge mit einer Höchstgeschwindigkeit von 120 km/h befördern. Mit Beginn der Elektrifizierung wurden die Lokomotiven nach Marseille versetzt und führten die Schnellzüge zwischen Marseille und Lyon. Als diese Linie ebenfalls elektrifiziert wurde, verteilte man die Lokomotiven auf ganz Frankreich, wo man sie bis 1970 noch im Plandienst sah. Ihr letztes Wirkungsfeld war die Strecke zwischen Nantes und Le Mans. Im Mai 1970 schieden dann aber die letzten Lokomotiven aus dem aktiven Dienst. Vier dieser größten Dampflokomotiven Westeuropas sind bis heute erhalten geblieben. Die 241 P 9, 16 und 17 befinden sich in Frankreich (241 P 17 sogar betriebsfähig), die 241 P 30 verschlug es in die Schweiz.

Die Gemeinde Vallorbe erwarb die Lokomotive und stellte sie ab 1972 beim Sportplatz als Denkmal auf. 1997 wurde die Maschine vom heute nicht mehr existierenden Trans Continental Museum Club (TMC) erworben. 1999 wurde die Dampflok nach Pratteln überführt und im Firmengelände der Henkel abgestellt. Nach der Auflösung des TMC konnte der Vapeur Val-de-Travers (VVT) die Lok erwerben und nach St-Sulpice NE überführen. An Betriebstagen des VVT ist die Lok meistens vor dem Depot aufgestellt. Sie trägt die Fabriknummer 4932.

Betriebsnummern	1 – 35
ursprüngliche Anzahl	35
Baujahr Lok 30	1951
Erbauer	Schneider Le Creusot (F)
Dienstgewicht	4000 PS
Länge über Puffer	27117 mm
Dienstgewicht	212,2 t
Vmax	120 km/h (50 km/h rückwärts)
Spurweite	1435 mm

BR 01 202 – Verein Pacific

Zwischen 1925 und 1938 wurden über 230 Einheitslokomotiven der Baureihe 01 durch verschiedene Firmen wie z.B. Borsig, AEG, Henschel etc. hergestellt. Gebaut wurden die Maschinen für die Deutsche Reichsbahn, die sie vornehmlich im schweren Schnellzugsdienst einsetzte. Die Betriebsnummern waren BR 01 001 – 01 232. 165 Lokomotiven kamen später zur Deutschen Bundesbahn, wo einige Loks bis 1971 im Einsatz standen, jene bei der Deutschen Reichsbahn verbliebenen Lokomotiven dampften noch bis 1977. In die Schweiz verschlug es zwei Lokomotiven: die 01 180 und die 01 202. Die 01 180 (Fabriknummer 22923, Henschel) kam 1973 nach ihrer Ausrangierung nach Bowil (Kanton Bern), wo sie bei der Firma Ferdinand Steck als Denkmal unweit der Hauptstraße aufgestellt wurde. Im Jahr 2011 ging die Lok wieder nach Deutschland zurück und ist im Besitz des Bayrischen Eisenbahnmuseums Nördlingen, das sie seit 2014 wieder betriebsfähig hält. Die 01 202 (Fabriknummer 23254, ebenfalls Henschel) kam 1975 in die Schweiz und war an

Orten wie St-Suplice NE oder Neuchâtel stationiert. Seit 1991 in Betrieb, befindet sich die gut gepflegte Lokomotive im Besitz des Verein Pacific 01 202 und ist mittlerweile in Lyss beheimatet. Die Lok steht mehrmals pro Jahr im Einsatz und unternahm sogar schon Fahrten in ihre alte Heimat nach Deutschland, wo noch mehrere BR 01-Dampflokomotiven erhalten sind, einige sogar betriebsfähig. Diverse Lokomotiven wurden noch zu ihrer Zeit bei der Deutschen Bundesbahn mit einem Neubaukessel versehen. Bei diesem Lokomotivtyp beträgt der Treibrad-Durchmesser stattliche 2000 mm.

Betriebsnummern	01 001 – 01 232
ursprüngliche Anzahl	232
Baujahr Lok 01 202	1937
Erbauer	Henschel
Dienstleistung	2240 PS
Länge über Puffer	23940 mm
Dienstgewicht	169 t
Vmax	130 km/h (50 km/h rückwärts)
Spurweite	1435 mm

BR 18 508 – Privatbesitz

Zwischen 1923 und 1924 baute die Firma J.A. Maffei 30 Dampflokomotiven des Typs S 3/6 der Serie »k«, welche zuerst als bayrische S 3/6 mit den Nummern 3680 – 3709 im Dienst standen. Die Lokomotiven wurden später zu BR 18 umbezeichnet und standen in Deutschland bis 1969 im Einsatz. Die BR 18 508 wurde 1924 in Betrieb gesetzt und war u.a. in München, Nürnberg, Lindau und Würzburg stationiert, ehe sie 1962 ausrangiert wurde.

Sie konnte von einer Privatperson übernommen werden, kam 1963 in die Schweiz und wurde zuerst in Schlieren geschützt abgestellt, dann ab 1981 in Wettingen in einer Remise eingestellt. Dort stand sie bis 2005 und wurde dann nach Romanshorn ins Locorama als Leihgabe überführt, wo sie sich auch heute noch befindet. Dort kann sie mit anderen historischen Fahrzeugen an Öffnungstagen besucht werden. Die Lok trug bei der Abliefe-

rung an die Bayrischen Staatsbahnen die Bezeichnung S 3/6 3709, die Fabriknummer ist 5558. Innerhalb der Baureihen 14 und 15 ist sie der Serie k zuzuordnen. In Deutschland ist noch die Lokomotive 18 505 im DGEG-Eisenbahnmuseum in Neustadt an der Weinstraße erhalten geblieben und kann dort besichtigt werden.

Betriebsnummern	18 479 – 18 508 (bay. 3680 – 3709)
ursprüngliche Anzahl	30 (Serie k)
Baujahr Lok 18 508	1924
Erbauer	J.A. Maffei, München
Dienstleistung	1830 PS
Länge über Puffer	21317 mm
Dienstgewicht	94 t
Vmax	120 km/h (rückwärts 50 km/h)
Spurweite	1435 mm

BR 52 221 - VVT

Zwischen 1942 und 1951 bauten zahlreiche Lokomotivfabriken in Deutschland, Polen und Frankreich über 7'000 Kriegslokomotiven der Baureihe 52. Maschinen dieses Typs gelangten auf verschiedenen Wegen in über zehn Länder. Die 1943 bei der BMAG (Berliner Maschinenbau AG) mit der Fabriknummer 12226 gebaute 52 221 verblieb nach Kriegsende 1945 in Österreich und stand bis 1979 (zuletzt allerdings nur noch als strategische Reserve) im Einsatz. 1979 kam die Lok betriebsfähig in die Schweiz, Besitzer damals war Oswald Steam Samstagern (OSS). Die Lok war zunächst in Samstagern, später auch in Einsiedeln abgestellt. 1992 konnte die 52 221 vom VVT (Vapeur Val-deTravers) übernommen werden. Die Maschine wurde in äußerlich ziemlich verwitterten Zustand nach St-Sulpice NE überführt. 2006 wurde die Lok teilweise zerlegt nach Tschechien zur Aufarbeitung gegeben, bereits

im Jahr 2007 kehrte die betriebsfähige 52 221 wieder in die Schweiz zurück. Seither ist die Lok regelmäßig vor Dampfzügen im Einsatz. Mit 1620 PS gehört die zu den stärksten Dampfloks in der Schweiz. Der Tender dieser Dampflokomotive stammt von der BR 52 6947. Insgesamt sind heute noch gut 540 Lokomotiven der Baureihe 52 in mehreren Ländern in unterschiedlichen Varianten vorhanden.

Betriebsnummern	52 001 – 52 7794 (mit Lücken)
ursprüngliche Anzahl	über 7'000
Baujahr Lok 52 221	1943
Erbauer	Berliner Maschinenbau AG
Dienstleistung	1620 PS
Länge über Puffer	22975 mm
Dienstgewicht	149,7 t
Vmax	80 km/h
Spurweite	1435 mm

BR 52 8055 NG - DLM

Diese moderne Dampflok entstammt den Reko-Lokomotiven der BR 52.80 der Deutschen Reichsbahn DR der DDR. Zwischen 1960 bis 1967 ließ die DR im Rahmen des Reko-Programms 200 Maschinen der Kriegsloks der BR 52 umfangreich modernisieren (Kernstück war ein neuer Verbrennungskammer-Kessel) und reihte sie mit den Nummern 52 8001 bis 52 8200 in ihren Bestand. Im Jahr 1943 kam 52 1649 mit der Fabriknummer 7916 in Betrieb, Erbauer war die französische Firma SACM (Société alsacienne de constructions mécaniques, Graffenstaden). 1962 wurde die Lok rekonstruiert und erhielt ihre neue Nummer 52 8055. Danach war sie weitere 30 Jahre im Einsatz der DR, ehe sie 1992 abgestellt wurde. Die Lokomotive konnte von den Eisenbahnfreunden Zollernbahn (EFZ) übernommen werden, die sie bis zum Ablauf der Fahrwerksfrist im Jahr 1995 vor Extrazügen einsetzte. Im Jahr 1997 wurde die Dampflokomotive bei der SLM in Winterthur modernisiert und gilt als eine der modernsten Dampflokomotiven der Welt. Mit einer Kesselisolierung und Leichtölfeuerung sowie Rollenlagern sollten die Nachteile des

Dampfbetriebs gemindert werden. Im Jahr 2003 ging dann die moderne Dampflokomotive in den Besitz der DLM (Dampflok- und Maschinenfabrik AG, Winterthur) über, die sie regelmäßig für Dampf- und Extrafahrten einsetzt. Die Lok war in Embrach-Rorbas stationiert, später in Schaffhausen und ist heute in Sissach beheimatet. Die Lok, welche mit 2350 PS über eine beachtliche Leistung verfügt, wurde auch schon für Dampfpendelfahrten am Bodensee eingesetzt, war aber auch am Jubiläum der »alten Hauenstein-Linie« zu Gast. Von den Reko-Lokomotiven der BR 52.80 sind heute noch zahlreiche Maschinen vorhanden.

Betriebsnummern	52 8001 – 52 8200 (nach Modernisierung)
ursprüngliche Anzahl	200
Baujahr Lok 52 8055	1943
Erbauer	SACM, Graffenstaden
Dienstleistung	2240 PS
Länge über Puffer	22975 mm
Dienstgewicht	133,5 t
Vmax	80 km/h
Spurweite	1435 mm

BR 64 518 – VHE

Zwischen 1928 und 1940 bauten diverse deutsche Lokfabriken (Jung, O&K, Krupp, Henschel etc.) 520 Einheitslokomotiven der BR 64 für die damalige DR (Deutsche Reichsbahn). Bis 1975 war die ganze Serie bei der DR und der DB ausgemustert. 19 Lokomotiven sind europaweit erhalten geblieben, nicht ganz die Hälfte davon in betriebsfähigem Zustand, andere sind als Denkmallokomotiven aufgestellt. Die BR 64 518 (Jung 9268) von 1940 wurde 1972 ausrangiert und an die Eurovapor verkauft. Ihre Überfuhr in die Schweiz erfolgte allerdings erst im Jahr 1980. Doch bereits 1981 konnte die überarbeitete Dampflokomotive wieder in Betrieb genommen werden und führte zahlreiche Extrazüge auf den Bahnlinien im Emmental oder war als Gast an Bahnhofsfesten oder Jubiläen zu sehen. Die formschöne Lokomotive, die je eine Laufachse am Ende des Fahrwerkes besitzt, kann vorwärts wie auch rückwärts mit derselben Höchstgeschwindigkeit verkehren. Im Jahr 1998 ging die Lok in den Besitz des VHE (Verein historische Emmentalbahn) über. Eine anstehende Kesselrevision bedeutete im Jahr 2014 das vorläufige Aus für die in Huttwil stationierte Lokomotive. Sollte die Finanzierung für die Aufarbeitung der Lokomotive gesichert sein, dürfte sie wieder als gerngesehener Gast auf Schweizer Schienen im Einsatz stehen. Während ihrer Einsatzzeit in Deutschland war sie u.a. in den Betriebswerken Passau, Rosenheim, Landshut oder auch Murnau stationiert.

Betriebsnummern	64 001 – 520
ursprüngliche Anzahl	520 (in Deutschland)
Baujahr Lok518	1940
Erbauer	Arnold Jung, Jungenthal
Dienstleistung	950 PS
Länge über Puffer	12500 mm
Dienstgewicht	71,2 t
Vmax	90 km/h
Spurweite	1435 mm

BDZ 01.22 – in Privatbesitz

1935 lieferte die SLM sechs Dampflokomotiven an die Bulgarischen Staatsbahnen (BDZ). Die Lokomotiven tragen die Bezeichnung 1-4-1 und erhielten die Betriebsnummern 01.18 – 01.23, anlehnend an davor durch Hanomag, Chrzanów, Borsig und Henschel gelieferte Lokomotiven. Bis in die 1970er Jahre standen die Lokomotiven im Dienst. Es sind die größten, je gebauten Dampflokomotiven in der Schweiz. Die BDZ 01.22 erhielt 1975 nochmals eine Revision und wurde dann als strategische Reserve abgestellt. 1989 kamen erste Ideen, eine solche Lok in die Schweiz zurückzuführen. Es vergingen aber nochmals mehr als 15 Jahre, bis es endlich soweit war. Im Jahr 2005 wurde die Lok in die Schweiz zurückgebracht. Nach dem sie im Verkehrshaus der Schweiz dem Publikum präsentiert worden war, ging die Lok in die Westschweiz und stand bis 2012 in St-Sulpice NE beim VVT

(Vapeur Val-de-Travers). Der äußere Zustand mag zwar täuschen, allerdings fehlen an der Lok einige Teile. Seit 2012 befindet sich die Lok in Full-Reuental, wo auch der Verein 241 A 65 ansässig ist. Eine komplette Aufarbeitung bei gesicherter Finanzierung ist geplant. Noch heute ist die baugleiche 01.23 gelegentlich in Bulgarien für Sonderzüge unterwegs. Die SLM-Fabriknummer der 01.22 ist 3592.

Betriebsnummern	01.18 – 01.23
ursprüngliche Anzahl	6
Baujahr	1935
Erbauer	SLM
Dienstleistung	ca. 2200 PS
Länge über Puffer	22400 mm
Dienstgewicht	169,5 t
Vmax	90 km/h
Spurweite	1435 mm

G 2/2 – Privatbesitz

O&K lieferte 1908 mit der Fabriknummer 3216 diese Baulokomotive (Spurweite 900 mm) an die Firma Reif & Kröll Tiefbau in Koblenz aus, welche sie im Werkverkehr einsetzte. Die Firma besaß ursprünglich 3 Baudampflokomotiven. Bereits 1922 kam die kleine, zweiachsige Lokomotive in der Schweiz und fand bei der Firma Hatt-Haller ein neues Arbeitsfeld, wo sie zum Beispiel beim Kraftwerksbau im Wäggital, oder bei Straßenbaustellen in Kemptthal, Schlieren oder auch Schönenwerd zum Einsatz kam. 1931 wurde die Lok vom Kieswerk Hardwald nähe Dietikon erworben und diente dem Transport von Kies im Werkareal. Hier wurde die Lok auch von 900 mm auf 1000 mm umgespurt. Anfangs der 1950er Jahre wurde die G 2/2 bei der SLM total revidiert. Weil aber im Kieswerk schon bald einmal der Kies mit Förderbändern transportiert worden ist, wurde die Lokomotive konserviert und später aufgebockt. Ca.1939 wechselt die Lokomotive abermals den Besitzer und kam bei der Baufirma Schafir & Mugglin in Zürich zum Einsatz. 1955 ging sie wieder zurück ins Kieswerk Hardwald, 1972 übernahm eine Privatperson aus Zürich schließlich die Lokomotive und stellte sie in einer Scheune unter. Ende der 1980er Jahre ging die Lok in die private Sammlung der Oswald Steam Samstagern (OSS) über und war demzufolge in Samstagern abgestellt. Nachdem die OSS-Loksammlung aufgelöst wurde, konnte die Lokomotive von einer Privatperson übernommen werden. Sie erhielt eine »Pinselrevision« und wurde in grün-weißem Anstrich in Einsiedeln beim Bahnhof als Denkmal aufgestellt. Seit einigen Jahren steht die G 2/2 (nach wie vor in Privatbesitz) wieder im Kieswerk Hardwald abgestellt, wo sie vor 88 Jahren schon im Einsatz stand.

Betriebsnummern	----
ursprüngliche Anzahl	div
Baujahr	1908
Erbauer	O&K Berlin
Dienstleistung	90 PS
Länge über Puffer	5650 mm
Dienstgewicht	ca. 14 t
Vmax	ca. 30 km/h
Spurweite	1000 mm (früher 900 mm)

G 2/2 »Maggia« – Privatbesitz

Über den Händler Fritz Marti aus Winterthur kam diese 1891 durch A. Jung in Jungenthal gebaute Baulokomotive mit der Fabriknummer 104 in die Schweiz und wurde durch das Unternehmen Consorzio Correzione Maggia für die Korrektion des Maggia-Flusses bei Locarno eingesetzt. Diese zweiachsige Dampflokomotive trug nie eine Betriebsnummer. Die Lokomotive dürfte bis ca. 1952 im Tessin im Einsatz gestanden haben und wurde dann abgestellt. In den 1960er Jahren wurde die beim 1955 eröffneten Hotel »Albergo Losone« mit ein paar Wagen als Denkmal auf einem Spielplatz aufgestellt. Die Lokomotive besitzt einen bunten Anstrich und befindet sich in der Gesellschaft einer Dampfwalze. Bleibt noch zu erwähnen, dass die Firma Jung zwischen 1886 und 1917 über 300 Dampflokomotiven in den Spurweiten 600 mm bis 1000 mm ablieferte. 46 dieser

Lokomotiven waren umspurbar. Bei der G 2/2 »Maggia« handelt es sich um die drittälteste noch vorhandene Lokomotive des Erbauers »Jung«. Sie werden auch als 40/50-PS-Lokomotiven bezeichnet. Der Händler Fritz Marti importierte sehr viele Jung-Lokomotiven in die Schweiz, ein größerer Teil war aber vermutlich nie hierzulande im Einsatz und wurde dann ins Ausland verkauft.

Betriebsnummern	»Maggia«
ursprüngliche Anzahl	div.
Baujahr	1891
Erbauer	A. Jung, Jungenthal (D)
Dienstleistung	50 PS
Länge über Puffer	4640 mm
Dienstgewicht	6,5 t
Vmax	ca. 25 km/h
Spurweite	1000 mm

G 2/2 1 Simplon – Denkmal

Durch den deutschen Hersteller Jung wurde 1911 diese kleine Baudampflokomotive fabrikneu in die Schweiz geliefert und beim Bau der Lötschbergbahn auf der Baustelle Mitholz für Bauzüge eingesetzt. Die Lokomotive mit der Fabriknummer 1684 hat eine Spurweite von 750 mm. Danach führte sie noch Bauzüge an der Baustelle des Simplontunnel II, am Bahnhofumbau des SBB Bahnhof Biel / Bienne, bevor sie 1932 an die Mineral AG in Brig weiterverkauft wurde. Anfangs der 1940er Jahre wechselte die Lok abermals den Besitzer und ging an die die Firma Hatt-Haller AG, die sie als Rangierlok im Braunkohlewerk Zell (LU) einsetzte. Danach wurde die Lokomotive abgestellt. 1966 wurde die Lok von ihrem damaligen Besitzer an das Technorama Winterthur verschenkt, der Zustand war allerdings mehr schlecht als recht. Die G 2/2 1 »Simplon« ist aber nicht im Technorama ausgestellt worden, sondern stand jahrzehntelang unter einer Blache

(Plane) hinter einem Gitter abgestellt. 2010 konnte die Lok von der Gemeinde Kandersteg (an der Lötschberglinie) übernommen werden und sie wurde in Kandersteg selber wieder schön hergerichtet, damit sie als geplantes Denkmal wieder in neuem Glanz erstrahlt. Im Frühling 2011 war es dann soweit und die perfekt aussehende Lok wurde auf einem Sockel direkt am BLS Bahnhof Kandersteg aufgestellt. Kurze Zeit später erhielt die Lok außerdem ein Dach.

Betriebsnummern	1 »Simplon«
ursprüngliche Anzahl	1
Baujahr	1911
Erbauer	A. Jung
Dienstleistung	50 PS
Länge über Puffer	4302 mm
Dienstgewicht	8,7 t
Vmax	ca. 20 km/h
Spurweite	750 mm

G 2/2 2 Ticino – Privatbesitz

1889 lieferte die Firma A. Jung diese zweiachsige Baulokomotive mit der Fabriknummer 89 an den Händler F. Marti, der sie an die Correzione del Fiume Ticino, (in Bellinzona) weitervermitteln konnte. Die G 2/2 mit der Nummer 2 erhielt auch den Namen »Ticino«. Sie wurde für die Korrektur des Maggia-Flusses im Kanton Tessin mit drei weiteren Baulokomotiven, ebenfalls von der Firma Jung geliefert und vor Bauzügen eingesetzt. Ungefähr 1941 stellte man sie aber ab. Sie ging danach zur Scuola d'arti e mestieri di Bellinzona, wo sie vermutlich als Ausstellungsobjekt diente. 1961 konnte sie von einer Privatperson aus Mendrisio übernommen werden, die sie nach einer kurzen Abstellzeit im Freien in seiner Garage einstellte. Dort stand die Lok über 50 Jahre und geriet beinahe in Vergessenheit. Ein schweizweit bekannter Eisenbahnenthusiast konnte die Lokomotive als Leihgabe übernehmen, somit war sie bei ihm in den besten Händen. Rechtzeitig konnte die Lokomotive im Jahr 2016 – die Maschine befand sich noch in erstaunlich gutem Zustand – wie geplant für einen Anlass im Tessin wieder in Betrieb gesetzt werden. 2018 war sie dann auf der Westschweizer Museumsbahn Blonay – Cham-by als Gastlok anwesend und wurde im Areal des Depotmuseums für Rangiermanöver eingesetzt. Die bald 130-jährige Lokomotive war gut im Schuss und bewältigte ihre Aufgaben zur vollen Zufriedenheit. Nach dem Gastspiel auf der BC wurde die Lok wieder nach Goldau überführt, wo sie betriebsfähig abgestellt ist. Gut möglich, dass die »Ticino« bald wieder einmal an einem Anlass teilnehmen darf. Die Lok hat einen besonderen historischen Wert: Sie ist die älteste noch vorhandene Lokomotive der Firma A. Jung aus Jungenthal. Die anderen drei Lokomotiven, die damals ebenfalls bei der Flusskorrektion im Einsatz standen, existieren nicht mehr.

Betriebsnummer	2
ursprüngliche Anzahl	div.
Baujahr	1889
Erbauer	A. Jung, Jungenthal (D)
Dienstleistung	50 PS
Länge über Puffer	4640 mm
Dienstgewicht	6,5 t
Vmax	30 km/h
Spurweite	1000 mm

G 2/2 4 – BC

Mit der Fabriknummer 4268 erbaute die deutsche Firma Krauss in München im Jahr 1900 diese kleine, zweiachsige Dampftramway-Lokomotive, die ab 1901 auf der italienischen Schmalspurbahn von Ferrara nach Codigoro zum Einsatz kam. Als diese Linie bereits 1931 geschlossen wurde, fand die kleine Lok mit der Nummer 4 auf der 34 km langen Bahn zwischen Rimini und Novafeltria ein neues Einsatzfeld, obwohl die Spurweite nur 950 mm betrug. Als auch diese Bahnlinie 1960 geschlossen wurde, stand die niedliche G 2/2 4 gut 10 Jahre lang in Rimini im Freien abgestellt, ehe sie 1970 von der Westschweizer Museumsbahn Blonay – Chamby (BC) in sehr schlechtem Zustand übernommen werden konnte. Die Lok war dann an mehreren Orten in der Westschweiz wie Cressier NE, Bussigny oder Ste-Croix abgestellt, ehe sie 1981 fertig restauriert wieder in Betrieb genommen werden konnte. In diesem Jahr gab sie ein Gastspiel auf der Neuenburger Überlandstrecke von Neu-

châtel nach Boudry anlässlich der Einweihung des neuen Rollmaterials. Seither ist die G 2/2 4 FN wieder auf der Museumsbahn oberhalb des Genfersees in Betrieb. Vor einiger Zeit wurde der Rahmen rot gestrichen. Die Lok pendelt meistens mit einem historischen Personenwagen zwischen dem Depotmuseum und der Haltestelle Chamby, um dort Besucher für die Museumsbahn abzuholen. Oft wird sie auch für Paraden mit anderen Dampfloks der BC vor dem Depot aufgestellt.

Betriebsnummern	4
ursprüngliche Anzahl	1
Baujahr	1900
Erbauer	Krauss, München (D)
Dienstleistung	75 PS
Länge über Puffer	4550 mm
Dienstgewicht	10 t
Vmax	40 km/h
Spurweite	1000 mm

G 2/2 5 »Ida« – Privatbesitz

Der deutsche Hersteller Hanomag baute 1922 mit der Fabriknummer 8009 diese kleine, zweiachsige Dampflokomotive, welche via der Firma »Rollmaterial AG, Zürich« als Baulokomotive beim Kraftwerkbau im Wäggital (Kanton Schwyz) zum Einsatz kam. Die 900 mm-Dampflok stand für die Firma H. Hatt-Haller bis 1929 im Einsatz, wurde dann aber 1931 an die Firma Kibag AG, Zürich verkauft und in Bäch SZ eingesetzt.
Es ist anzunehmen, dass die G 2/2 hier ihre Nummer 5 und den Namen »Ida« erhalten hat. Zuvor wurde die Lokomotive von 900 mm auf 750 mm umgespurt. 1960 gelangte die Lok an die Firma Dietiker in Zürich Seebach, wurde später aber von einer Privatperson übernommen und vor der drohenden Verschrottung gerettet. Seit ca. 1970 stand die Lok im Areal des Gaswerks Zürich in

Schlieren abgestellt. 1983 wurde die Lok auf einen Flachwagen gestellt und stand viele Jahre ungeschützt im Freien. Vor einigen Jahren wurde die Lok verschoben und steht heute, noch immer auf dem Flachwagen, in sehr schlechtem Zustand in der Nähe des ehemaligen Gaswerks Zürich in Schlieren unter einer Blache (Plane) abgestellt.

Betriebsnummer	5 »Ida«
ursprüngliche Anzahl	1
Baujahr	1922
Erbauer	Hanomag
Dienstleistung	ca. 80 PS
Länge über Puffer	5650 mm
Dienstgewicht	14 t
Vmax	ca. 30 km/h
Spurweite	750 mm (früher 900 mm)

G 2/2 6 »St.Gallen« und G 2/2 200.90 »Maffei« – IRR

Die 1892 erbaute Dienstbahn »Internationale Rheinregulierung« (IRR) hatte ihren Zweck, die Regulierung des Rheins bei der Bodenseemündung vor Hochwasser zu gewährleisten. Diese grenzüberschreitende Dienstbahn hatte diverse Dampflokomotiven in ihrem Bestand, bis 1947 die 750-mm-Bahn elektrifiziert wurde. Zwei Dampflokomotiven haben bis in die heutige Zeit überlebt. Von den 1910 durch die Firma A. Jung (D) erbauten Dampflokomotiven G 2/2 mit den Namen »Schweiz« und »St. Gallen« ist die St. Gallen als G 2/2 6 (Fabriknummer 1516) erhalten geblieben. Sie war Mitte der 1940er Jahre beim Bau das Kraftwerks Auenstein hilfsweise im Einsatz und ihre aktive Dienstzeit am Rhein endete 1961. Anfangs der 1970er Jahre wurde sie in Widnau beim Gemeindehaus als Denkmal aufgestellt, bis sie 1998 von dem Sockel geholt wurde und im Jahr 2000 wieder in Betrieb genommen werden konnte. Diese Lok wird mit Holz gefeuert. Die zweite noch existierende Dampflok ist die G 2/2 200.90, auch »Maffei« genannt. Sie wurde 1920 mit der Fabriknummer 4124 nach Bregenz geliefert und kam erst 1938 an den Werkplatz Lustenau. Die Dampflok wurde 1949 außer Betrieb genommen und stand ab 1969 als Denkmal in Lustenau (A). 1990 konnte die Lok vom Verein Rheinbähnle über-

nommen werden und stand ab 1992 wieder für Dampfzüge entlang dem Rhein im Einsatz. Von 2014 – 2016 war sie wegen eines Kesselschadens außer Betrieb. Heute sind beide Dampflokomotiven betriebsbereit im Werkplatz Lustenau stationiert. Die Dienstbahn war als solche bis 2007 in Betrieb. Ein Teil der gesamten Strecken ist heute noch als Museumsbahn in Betrieb und wird vom Verein Rheinbähnle betrieben, es finden regelmäßige Einsätze mit Dampf- und kleinen Elektrolokomotiven statt. Insgesamt besaß die Bahn die stattliche Anzahl von 28 Dampflokomotiven.

	G 2/2 6 »St. Gallen«	G 2/2 200.90 »Maffei«
Betriebsnummer	6	200.90
ursprüngliche Anzahl	2	1
Baujahr	1910	1920
Erbauer	Jung (D)	Maffei
Dienstleistung	80 PS	90 PS
Länge über Puffer	ca. 5600 mm	ca. 5600 mm
Dienstgewicht	14 t	13,8 t
Vmax	ca. 20 km/h	ca. 30 km/h
Spurweite	750 mm	750 mm

G 2/2 7 »Täuffelen« – Privatbesitz

Die 1890 durch Max Orenstein gegründete »Märkische Lokfabrik« in Berlin Schlachtensee, die dann 1908/1909 in die Firma Orenstein & Koppel überging, baute 1898 mit einer Spurweite von 750 mm diese zweiachsige Baulokomotive, welche die Fabriknummer 302 erhalten hat. Die Lokomotive war an die Zuckerfabrik Tapiau (im heutigen Kaliningrad, Russland) geliefert worden, kam aber schon bald einmal in die Schweiz, um an verschiedensten Orten als Werklokomotive zu dienen: zuerst bei Schafir & Müller, Bauunternehmung »Täuffelen«, war sie auch am Bau der Biel-Täuffelen-Ins-Bahn beteiligt, wo sie auch ihren Namen erhalten haben dürfte. Nach zwei weiteren Stationen in Zürich und Frutigen ging die G 2/2 7 im Jahr 1948 an die Firma VEBA AG, Zürich (Vereinigte Bauunternehmer AG), wo sie sich z.B. ab 1959 bei der Erweiterung des Flughafens Zürich in Kloten nützlich machte. Es standen damals bis zu vier Zugskompositionen

im Einsatz, die täglich rund 1100 m3 Kies und Kieskomponente zur Baustelle transportierten. 1963 wurde sie von einer Privatperson in Rorschacherberg erworben, wo sie auch noch heute im Garten als Denkmal steht. Da der ehemalige Besitzer nicht mehr lebt, steht die Dampflokomotive zum Verkauf. Es ist die drittälteste erhaltene Lokomotive dieses Herstellers, wenn die durch die Märkische Lokfabrik erbauten Dampflokomotiven berücksichtigt werden.

Betriebsnummer	7 »Täuffelen«
ursprüngliche Anzahl	div.
Baujahr Lok G 2/2 7	1898
Dienstleistung	50 PS
Erbauer	Märkische Lokfabrik, Schlachtensee
Länge über Puffer	4300 mm
Dienstgewicht	8,8 t
Vmax	18 km/h
Spurweite	750 mm

G 2/2 173 – Parkbahn Letten

1896 baute die Märkische Lokomotivfabrik Max Orenstein in Berlin Schlachtensee, diese kleine, zweiachsige Dampflokomotive mit der Fabriknummer 173 (daher ihre aktuelle Betriebsnummer) und lieferte sie an eine Zuckerfabrik in Malaga. Die niedliche Lokomotive hat eine Spurweite von 600 mm. Die Lok stand dort längere Zeit im Einsatz, bis sie von einer Privatperson aus Barcelona übernommen wurde. Im Jahr 2000 erhielt die Lok eine Hauptuntersuchung in Zaragoza und kam dann 2001 ins 1998 gegründete Museuo del Ferrocarril Asturias in Gijon in Nordspanien. 2005 gab die Lok ein Gastspiel am Feldbahnloktreff im Wallis, bei dem sie auf der imposanten Panoramastrecke zwischen Les Montuires und dem Fuße des Emosson Staudammes im Einsatz stand. Bei dieser Panorama-Strecke handelt es sich um Gleise der ehemaligen Werkbahn, die zum Bau der Staumauer diente. 2011 fand sie bei der Parkbahn Letten nähe

Rümlang (Kanton Zürich) eine neue Bleibe. Die Lokomotive stand einige Male im Einsatz, wird zurzeit aber revidiert, worauf auf der Parkbahn zurzeit Diesellokomotiven zum Einsatz kommen. Die G 2/2 173 ist die älteste, noch vorhandene O&K-Lok in Europa, weltweit die zweitälteste noch erhaltene O&K-Lok. Die Märkische Lokomotivfabrik Max Orenstein ging in die spätere Orenstein & Koppel auf.

Betriebsnummern	173
ursprüngliche Anzahl	?
Baujahr	1892
Erbauer	Märkische Lokomotivfabrik Max Orenstein, Berlin
Dienstleistung	20 PS
Länge über Puffer	4800 mm
Dienstgewicht	6,3 t
Vmax	ca. 15 km/h
Spurweite	600 mm

G 2/2 Antracita – SchBB

Die 1900 gegründete Gesellschaft Minas y Ferrocarriles de Utrillas (MFU) in Spanien erhielt 1904 eine schmalspurige, gut sieben Kilometer lange Zubringerbahn von Martin del Rio nach Utrillas. Als vierte Lok dort kam 1906 eine druch die Firma A. Jung (Jungenthal) erbaute, kleine, zweiachsige Dampflok mit der Fabriknummer 1032 in Betrieb. Die vier Lokomotiven standen bis zur Schließung dieser »Braunkohle - Bahn« 1966 in Betrieb. Alle vier Lokomotiven haben bis heute überlebt. Während die ersten drei Lokomotiven als Denkmale erhalten geblieben sind, wurde die Lok mit der Nummer 4 von zwei Privatleuten gekauft und in der Nähe von Barcelona abgestellt. Die Lok bildete ein Teil eines Sammelsuriums an Autos, Motorrädern, Lastwagen und Eisenbahnfahrzeugen. Im Jahr 2000 wurde die kleine Lok zerlegt, weil sie wieder aufgearbeitet werden sollte. Da sich aber Pläne einer Aufarbeitung zerschlugen, blieb die Lok in Teilen zerlegt unter einem Wellblechdach. Als ab 2010 die Sammlung der Fahrzeuge schrittweise verkleinert wurde, konnte der Verein Schinznacher Baumschubahn

(SchBB) die Lok im Jahr 2012 besichtigen und nach längeren Verhandlungen auch käuflich übernehmen. Ende 2012 wurde die Lok in die Schweiz transportiert und die alten Aufbauten wieder auf die Lok gestellt. Die hierzulande als G 2/2 bezeichnete Lok erhielt den Namen »Antracita«. Sobald in der Werkstatt genügend Kapazitäten frei sind, dürfte mit der Aufarbeitung dieser kleinen, spanischen Minenbahnlok begonnen werden. Ein Teil der ehemaligen MFU-Dampflokomotiven ist Spanien, England, Deutschland oder auch Österreich erhalten geblieben.

Betriebsnummer	4
ursprüngliche Anzahl	1
Baujahr	1906
Erbauer	A. Jung, Jungenthal
Dienstleistung	50 PS
Länge über Puffer	4880 mm
Dienstgewicht	7,8 t
Vmax	ca. 20 km/h
Spurweite	600 mm

G 2/2 Emma – SchBB

1925 baute der deutsche Hersteller J.A. Maffei in München mit der Fabriknummer 4144 diese kleine, zweiachsige Dampflokomotive. Lokomotiven wie diese wurden damals in großer Stückzahl gebaut, in auftragsschwachen Zeiten gar auf Vorrat. Bereits 1925 kam die G 2/2 in der Schweiz an und wurde sogleich beim Bau einer Unterführung in Brugg AG eingesetzt. Diese Lokomotiven waren hauptsächlich für Einsätze auf Baustellen und der Industrie konzipiert. Diese G 2/2 blieb in der Schweiz und war an diversen Orten im Einsatz, ehe sie 1944 bei der Holzverzuckerungs AG (heute Ems Chemie) abgestellt wurde. Dort geriet die Lok »in Vergessenheit«, ehe 1979 ein Liebhaber auf die Lok aufmerksam wurde. Mit der Aufarbeitung wurde umgehend begonnen und schon ein Jahr später, im Jahr 1980, konnte die Lok wieder angeheizt werden. In diesem Moment erhielt sich auch ihren Namen, den sie heute noch trägt: »Emma«. Die Lok stand in Samstagern beim heute nicht mehr existierenden Oswald Steam Samstagern (OSS) in Betrieb und wur-

de auf einem U-förmigen Gleisstück nahe der eigenen Werkstatt eingesetzt. Als 1992 der OSS aufgelöst wurde, kaufte ein Lokführer die »Emma« und fragte bei der Schinznacher Baumschulbahn (SchBB) an, ob er die Lok einstellen und gelegentlich einsetzen dürfte. Damit war eine praktische Lösung für die »Emma« gefunden. 1998 ging die zierliche Lok in den Besitz der SchBB über. Zu diversen Anlässen und Treffen war die Lok als Gastfahrzeug zu Besuch. Einige Male pro Jahr steht Emma unter Dampf und erfreut Groß und Klein. Der Kohlevorrat der Emma beträgt 0,4 t.

Betriebsnummern	div.
ursprüngliche Anzahl	div.
Baujahr	1925
Erbauer	J.A. Maffei, München
Dienstleistung	35 PS
Länge über Puffer	4900 mm
Dienstgewicht	6,95 t
Vmax	20 km/h
Spurweite	600 mm

G 2/2 Liseli – Privatbesitz

Mit der Fabriknummer 1693 lieferte die Firma Jung im Jahr 1911 diese kleine zweiachsige Dampflokomotive aus, die 1912 über einen Händler (Marti, Bern) als Baulokomotive in die Schweiz kam. Als erstes wurde sie bis 1918 bei einer Baustelle zur Aarekorrektion eingesetzt, bevor sie nachher an diversen Orten (Regensdorf, Zürich, Lausanne) für verschiedene Firmen im Einsatz stand. 1943 wurde sie bei der Firma Bellorini in Lausanne eingesetzt, später in einem Treibhaus einer Baumschule abgestellt. Danach geriet die Lok beinahe in Vergessenheit. Erst über ein halbes Jahrhundert später, im Jahr 1999, konnte die Lok von einer Privatperson übernommen werden, welche sie dem Verein Schinznacher Baumschulbahn (SchBB) zur Verfügung gestellt hat. Da sich die Lok trotz der langen Abstellzeit in einem sehr guten Zustand befand, konnte sie bereits im Jahr 2000 zum 25-jährigen Jubiläum auf der ehemaligen Werkbahn bei Emosson (Staumauer) wieder eingesetzt werden. Ende Jahr ging die Lok, unterdessen als G 2/2 »Liseli« bezeichnet, wieder nach Schinznach zurück.

Da sie aber nur selten eingesetzt wurde, gelangte das »Liseli« im Jahr 2005 abermals nach Emosson, wo sie regelmäßig bis 2012 auf der Panoramastrecke für Dampfzüge eingesetzt wurde. Wegen dem Umbau der Gesamtanlage blieb sie dann bis 2014 außer Dienst. Nach erfolgtem Besitzerwechsel der Panoramabahn (VerticAlp Emosson) wurde die G 2/2 nach Körbligen gebracht, wo sie auf der Werkbahn einer Ziegelei gelegentlich für Dampffahrten eingesetzt wird. In Fachkreisen wird das »Liseli« als Jung-Loktyp »Rundervet« bezeichnet.

Betriebsnummern	----
ursprüngliche Anzahl	1
Baujahr	1911
Erbauer	A. Jung, Jungenthal (D)
Dienstleistung	ca.25 PS
Länge über Puffer	3800 mm
Dienstgewicht	5,1 t
Vmax	ca. 15 km/h
Spurweite	600 mm

G 2/2 Lukas – SchBB

Mit der Fabriknummer 7479 wurde 1918 durch die deutsche Firma Orenstein & Koppel (O&K) diese kleine zweiachsige Dampflok erbaut und ab 1919 in einem Kieswerk in Kissing (Bayern) eingesetzt. Die Lokomotive wurde bis 1967 für Transporte von abgebautem Kies eingesetzt und danach abgestellt. Im solothurnerischen Lüsslingen suchte der damalige Vorstand des SBB Bahnhofes noch nach einer passenden Dampflokomotive, um sie auf seiner privaten Schmalspurbahn unweit beim Bahnhof betreiben zu können. Nach einer Kesselrevision durch die Hauptwerkstätte Biel der SBB konnte die G 2/2, die den Namen »Evi - 1« erhielt, unter Dampf gesetzt werden. Der Traum einer längeren Schmalspurbahn konnte leider nie realisiert werden. Die Lok stand bis 1985 gelegentlich im Einsatz, wurde dann aber ungeschützt neben dem SBB Bahnhof abgestellt. 1996 musste die Lokomotive entfernt werden, um der sich im Bau befindenden Autobahn Platz zu machen. Im selben Jahr konnte die Dampflok nach Schinznach zur Baumschulbahn (SchBB) transportiert werden. Im September 2001 konnte der Verein SchBB

die Dampflokomotive schließlich erwerben. Im Jahr 2005 wurde die Lokomotive in der Depotremise unterstellt und erhielt ein Jahr später ihren neuen Namen »Lukas«. Aus Kapazitäts- und Kostengründen wurde mit der Aufarbeitung erst im Jahr 2014 begonnen, die im Jahr 2016 erfolgreich abgeschlossen werden konnte. Dem »Lukas« wurde ein über die ganze Fahrzeuglänge reichendes Führerhaus gebaut, was ihm ein gefälliges Aussehen gibt. Regelmäßig während der Fahrsaison darf der zu Recht als »Dampftramaylok« bezeichnete Lukas im Areal der Baumschule vor Dampfzügen eingesetzt werden.

Betriebsnummern	---
ursprüngliche Anzahl	div.
Baujahr	1918
Erbauer	O&K
Dienstleistung	50 PS
Länge über Puffer	5400 mm
Dienstgewicht	9,15 t
Vmax	30 km/h
Spurweite	600 mm

G 2/2 Auenstein, Molly – SchBB, Denkmal

1944 lieferte die SLM drei Baulokomotiven mit den Fabriknummern 3833, 3834 und 3835 an die Baustelle des Aarekraftwerks Rupperswil-Auenstein. Die drei Zweikuppler mit einer Spurweite von 750 mm erhielten die Namen »Auenstein«, »Wildegg« und »Rupperswil«. Nach Beendigung der Bauarbeiten im Jahr 1947 wurden die Lokomotiven noch an anderen diversen Orten und Baustellen (u.a. am Flughafen Zürich) eingesetzt. Die Loks 10 (Auenstein) und 12 (Rupperswil) gelangten 1966 an einen Sammler in Kaufdorf und rosteten dort 38 Jahre vor sich hin. Im Jahr 2004 konnte die Schinznacher Baumschulbahn (SchBB) die beiden Loks erwerben. Lok 12 wurde zerlegt, ihr Kessel fand in der Dampflok »Sequioa« eine Weiterverwendung, der Rest wurde entsorgt. Lok 10 steht als schön hergerichtetes Denkmal in Auenstein. Lok 11 (Wildegg) wurde von einer Privatperson erworben und 1967 am SBB-Bahnhof Turgi als Denkmal aufgestellt. Zusätzlich wurde sie in »Molly« unbenannt. Beim Bahnhofsumbau musste die Lok wei-chen; sie ging 1994 als Leihgabe der Schuljugend Turgi an die SchBB, wo mit der Aufarbeitung begonnen wurde. 1999 konnte die Molly, unterdessen umgespurt von 750 mm auf 600 mm, wieder in Betrieb genommen werden und stand bis 2011 im Einsatz. Nach erfolgter Kesselrevision im Jahr 2013 steht die Lok nun wieder regelmäßig im Areal der Baumschule in Schinznach im Einsatz und trägt wieder ein grün-schwarzes Farbkleid, nachdem sie zuvor bis 2013 in braunem Anstrich unterwegs gewesen war.

Betriebsnummern	10 – 12
Ursprüngliche Anzahl	3
Baujahr	1944
Erbauer	SLM
Dienstleistung	120 PS
Länge über Puffer	5860 mm
Dienstgewicht	16,5 t
Vmax	30 km/h
Spurweite	750 mm (Lok 11 umgespurt auf 600 mm)

G 2/2 »Pinus« – SchBB

1937 erbaute die deutsche Firma Henschel in Kassel diese kleine Zweikuppler (Dampfloktyp »Riesa«) mit der Fabriknummer 23672 und noch im selben Jahr wurde sie in Limburg an der Lahn in Betrieb genommen. Für den Einsatz auf Baustellen wurde die Lok von der Deutschen Wehrmacht eingezogen. 1945 wurde sie abgestellt und war dann ab 1955 an einigen Orten in Deutschland als Baulokomotive in Betrieb. 1977 wurde die Lokomotive von der Baumschule Hermann Zulauf AG übernommen. Mit dieser kleinen Lok hatte die Schinznacher Baumschulbahn SchBB ihre erste Dampflokomotive im Fahrzeugbestand. 1978 konnte sie bereits in Betrieb genommen werden und drehte ihre ersten Runden im Areal der Baumschule. 1982 erhielt die nun mittlerweilen auf den Namen »Pinus« getaufte Lok eine Fahrwerkrevision, 1984 stand dann eine Kesselrevision an. Die G 2/2 »Pinus« wurde öfters an besonderen Anlässen weitab von Schinznach eingesetzt, bis sie 2001 vorübergehend abgestellt wurde. 2006 konnte

sie, nachdem die Rauchkammer ersetzt wurde, wieder in Betrieb genommen werden und stand bis 2015 in unermüdlichem Einsatz. Nach offizieller Abstellung für Totalrevision und anschließender Zerlegung der Lok erfolgte im Jahr 2017 auch gleich noch eine Kesselrevision. Heute steht die »Pinus« wieder in neuer Frische im Einsatz und führt regelmäßig Dampfzüge auf dem Rundkurs durch das Gelände der Baumschule. Die Baumschule in Schinznach gibt es bereits seit 1879, den Bahnbetrieb seit 1978.

Betriebsnummern	»Pinus«
ursprüngliche Anzahl	div.
Baujahr	1937
Erbauer	Henschel & Sohn, Kassel
Dienstleistung	70 PS
Länge über Puffer	5550 mm
Dienstgewicht	11 t
Vmax	20 km/h
Spurweite	600 mm

G 2/4 7 - BC

Ab 1882 lieferte die Schweizerische SLM in drei Tranchen zwölf Dampftramlokomotiven nach Frankreich an die Tramway Mulhouse (TrM) im Elsass. Bereits 1894 wurde dort der elektrische Betrieb eingeführt. Der Straßenbahnbetrieb in Mulhouse, wo sich übrigens eines der sehenswertesten Eisenbahnmuseen in Frankreich befindet, wurde aber 1960 komplett eingestellt wurde. Die G 2/4 7, Fabriknummer 316 stammt aus dieser Serie mit den Betriebsnummern 1 – 12, welche alle auch Namen trugen. Nr. 7 hatte den Namen »Die Doller«. Die SLM lieferte damals eine größere Anzahl an Straßenbahndampflokomotiven in diverse Länder. Nur die G 2/4 7 überlebte die Elektrifizierung in Mulhouse noch eine längere Zeit und wurde 1946 ein letztes Mal in Mulhouse eingesetzt, um Kriegsschäden nach dem zweiten Weltkrieg an der Infrastruktur zu reparieren. Die SBB übernahm später die G 2/4 7 mit der Absicht, sie später im Ver-

kehrshaus in Luzern aufzustellen. Lange Zeit war das Dampftram im Depot Glarus eingestellt. 1978 wurde die historisch wertvolle Lokomotive von der Westschweizer Museumsbahn Blonay – Chamby übernommen und gehört seither zur großen Fahrzeugsammlung historischer Schienenfahrzeuge der BC. Sie ist im Museum in Chaulin ausgestellt. Übrigens gibt es seit 2006 in Mulhouse wieder eine moderne elektrische Straßenbahn.

Betriebsnummern	1 – 12
ursprüngliche Anzahl	12 (Frankreich)
Baujahr Lok 7	1882
Erbauer	SLM
Dienstleistung	140 PS
Länge über Puffer	5100 mm
Dienstgewicht	15 t
Vmax	25 km/h
Spurweite	1000 mm

G 2x 2/2 - 105 BC

1918 baute die Maschinenbau-Gesellschaft Karlsruhe (D) sieben Mallet - Dampflokomotiven, welche für die Heeresfeldbahnen geliefert wurden. Das Kriegsende im selben Jahr sorgte dafür, dass die noch von der Heeresprüfkommission als HK 94 – 100 bezeichneten Lokomotiven nicht mehr eingesetzt und an Privatbahnen abgegeben wurden. Zwischen 1950 und 1960 wurden fünf von sieben Lokomotiven ausrangiert, erhalten geblieben sind die ehemaligen HK 95 und 96. Die HK 95 ging 1921 an die Kleinbahn Haspe – Breckerfeld, kam dann aber ab bereits 1928 auf der Bahnlinie Zell – Todtnau (Süddeutsche Eisenbahngesellschaft SEG) mit der Betriebsnummer 105 zum Einsatz. Als diese schmalspurige Privatbahn 1967 stillgelegt wurde, konnte die Lok von der Westschweizer Museumsbahn Blonay – Chamby (BC) übernommen werden. Bei der BC erhielt sie die Bezeichnung G 2x 2/2, behielt aber ihre Nummer 105. Sie war die erste Dampflok auf der BC und stand ununterbrochen im Einsatz, bis andere Dampflokomotiven übernommen werden konnten. Der eher schlechte

Zustand der Maschine sorgte für ihre Abstellung. 1998 konnte die Lok wieder in Betrieb genommen werden. War sie früher komplett schwarz lackiert, trägt sie heute ein rotes Fahrgestell. Die Lok steht auch heute noch im Einsatz und führt zahlreiche Dampfzüge auf der Museumsstrecke, manchmal kommt sie sogar bis nach Vevey an den Genfersee zum Einsatz. Ihre Schwester, die ehemalige HK 96, ist heute noch bei den Harzer Schmalspurbahnen vorhanden und als 99 5906 meist im Selketal im Einsatz. Die Fabriknummern der beiden Loks sind 2051 (BC) und 2052 (HSB).

Betriebsnummern	HK 94 – 100
ursprüngliche Anzahl	7
Baujahr Lok 105	1919
Erbauer	Karlsruhe
Dienstleistung	230 PS
Länge über Puffer	9400 mm
Dienstgewicht	36 t
Vmax	35 km/h
Spurweite	1000 mm

G 2x 3/3 – 104 BC

1925 wurde durch die deutsche Firma Hanomag (Hannoversche Maschinenbau AG) diese große Dampflokomotive Typ Mallet mit der Fabriknummer 10437 gebaut. Die Lok basiert dabei auf der Entwicklung der 1917 von Henschel an die Heeresfeldbahn gelieferten 20 C'C-Mallet-Lokomotiven. Im selben Jahr kam sie auf der schmalspurigen Bahnlinie von Zell nach Todtnau zum Einsatz, die durch die SEG (Süddeutsche Eisenbahngesellschaft) betrieben wurde. Sie erhielt die Betriebsnummer 104 und kam vor allem für vor schweren Zügen zum Einsatz. Ab 1953 ist die Bahnlinie durch die Mittelbadische Eisenbahngesellschaft betrieben worden, die Lok behielt aber ihre Nummer 104. 1967 wurde der Bahnbetrieb auf dieser Strecke eingestellt. Die Lokomotive konnte von der Westschweizer Museumsbahn Blonay – Chamby (BC) gekauft werden und wurde in die Schweiz überführt. Sie stand dann einige Jahre im Dienst und wurde Mitte der 1970er Jahre abgestellt. Da sie sich ausschließlich immer im

Museum befand, ist ihr Zustand besser als vermutet. Die BC hat nun das »Projekt 104« gestartet, mit dem die Lok wieder betriebsfähig hergerichtet werden soll. Die G 2x 3/3 104 gehört zu den größten, in Europa gebauten Schmalspurdampflokomotiven überhaupt. Auf der Westschweizer Privatbahn Yverdon – Ste-Croix, wo diese Lok 104 auch mal zu Gast war, stand mal eine sehr ähnliche Lok im Einsatz, die ihre Karriere dann aber in Ostafrika auf der Bahnlinie Djibouti – Addis Abeba beendete.

Betriebsnummern	104
ursprüngliche Anzahl	1
Baujahr	1925
Erbauer	Hanomag (D)
Dienstleistung	580 PS
Länge über Puffer	11560 mm
Dienstgewicht	56 t
Vmax	30 km/h
Spurweite	1000 mm

G 3/3 1 – 2 – BC, Denkmal

Für diese kleine Bahnlinie im Westen der Schweiz, unweit der französischen Grenze, beschaffte die damalige RdB (Regional des Brenets) zur Eröffnung des Bahnbetriebs 1890 drei kleine dreiachsige Dampflokomotiven, die die Bezeichnung G 3/3 1 – 3 sowie Namen erhielten: G 3/3 1 »Le Doubs«, (1890, SLM 618), G 3/3 2 »Le Père Frédéric«, (1890, SLM 619) sowie etwas später die G 3/3 3 »Les Brenets«, (1892, SLM 716). Mit diesem drei Dampflokomotiven wurde der Gesamtverkehr auf dieser lediglich 4,2 km langen Nebenlinie, die den SBB Bahnhof Le Locle mit dem schön gelegenen Ort »Les Brenets« am gleichnamigen See verbindet, bis 1950 abgewickelt, danach setzte die Elektrifizierung ein und es wurden fünf Triebwagen beschafft (davon zwei für diese Linie), was die Dampflokomotiven entbehrlich machte. Die G 3/3 1 »Le Doubs«, benannt nach dem gleichnamigen Grenzfluss, war jahrelang abgestellt und ging 1973 in den Besitz der Westschweizer Museumsbahn Blonay – Chamby über. Nach

dem sie einige Jahre in Betrieb war, wurde die Lok abgestellt und befindet sich heute als schön restauriertes Ausstellungsstück bei der Museumsbahn. Die Lok 2 »Le Père Frédéric« war ebenfalls eine lange Zeit abgestellt und wurde 1973 der Gemeinde geschenkt. Viele Jahre stand sie als Denkmal direkt am Bahnhof Le Brenets im Freien, bevor sie 1975 geschützt in einer Vitrine, wenige Meter unterhalb des Bahnhofs, eine neue Bleibe fand. Lok 3 wurde schon 1937 ausrangiert und spätestens 1950 abgebrochen.

Betriebsnummern	1 – 3
Ursprüngliche Anzahl	3
Baujahr Loks 1 und 2	1890
Erbauer	SLM
Dienstleistung	ca. 170 PS
Länge über Puffer	5210 mm
Dienstgewicht	16 t
Vmax	25 km/h
Spurweite	1000 mm

G 3/3 2 Wyl – Denkmal

1887 wurde die meterspurige Frauenfeld-Wil-Bahn (FW, heute Appenzeller Bahnen) eröffnet. Durch die SLM wurden vier dreiachsige Dampflokomotiven mit den Nummern G 3/3 1 – 4 und den Namen »Frauenfeld«, »Wyl«, »Murg« und »Hörnli« geliefert. Lok 4 wurde allerdings erst 1890 fertiggestellt und unterschied sich in einigen Details von den anderen drei Lokomotiven. 1921 wurde diese 17,5 km lange Strecke, die größtenteils neben der Hauptstraße verläuft, elektrifiziert. Mit der Lieferung von elektrischen Triebwagen konnte dann auf die Dampflokomotiven verzichtet werden und die Lokomotiven 1, 3 und 4 wurden verschrottet. Vermutlich 1924 verkehrte die G 3/3 2 »Wyl« wegen Stromausfällen ein letztes Mal. Danach wurde die Lok in einem Schuppen abgestellt. 1945 und 1946 wurde die Lok, die mittlerweile recht desolat aussah, ausgestellt. 1967 wurde die Lok äußerlich aufpoliert und war 1972 an einem Dampflokfest in Degersheim ausgestellt. Anschließend erhielt sie ihr neues Domizil im Stadtpark Wil beim Weiher hinter einem Schutzgitter. Bereits 1965 wurde die Lok von einem Gönner gekauft, der sie dem Modell-Eisenbahn Club Wil (MEKW) schenkte. Heute kann die Lok mit der Fabriknummer 462, die außerdem längere Zeit den Namen »Hörnli« trug, jederzeit besichtigt werden.

Betriebsnummern	1 – 4
ursprüngliche Anzahl	4
Baujahr Lok 2	1887
Erbauer	SLM
Dienstleistung	PS
Länge über Puffer	5450 mm
Dienstgewicht	15,75 t
Vmax	25 km/h
Spurweite	1000 mm

G 3/3 5 – 6 – VHS, Denkmal

Für die 1880 eröffnete und lediglich 750 mm breite Waldenburgerbahn (WB) von Liestal nach Waldenburg lieferte die SLM 1902, 1910 und 1912 drei dreiachsige Dampflokomotiven des Typs G 3/3. Zuvor wurde der Verkehr mit Zweikupplern abgewickelt. Die Dampflokomotive G 3/3 5 (1902, SLM 1440) erhielt den Namen »G. Thommen«, die Lok 4 »Langenbruck« (1910, SLM 2094) und Lok 6 »Waldenburg« (1912, SLM 2276). Es gab zuvor bereits bis 1910 eine Dampflok mit der Nummer 4. Die drei Dampflokomotiven versahen (zusammen mit einer G-4/5-Lokomotive) zuverlässig ihre Dienste, bis die Waldenburgerbahn 1953 elektrifiziert wurde und drei neue Triebwagen die kleinen Dampfloks entbehrlich machte. Lok 4 wurde 1954, nach dem sie mit den anderen Dampfloks noch als Reserve gedient hatte, als Schrott verkauft und abgebrochen. Lok 5 blieb bis 1961 in Waldenburg remisiert und wurde anschließend im selben Jahr als Denkmal am Bahnhof Liestal aufgestellt. Bis 1975 stand sie auf dem Sockel und wurde dann zwecks Aufarbeitung zurück nach Waldenburg geschleppt. Zum 100-jährigen Jubiläum im Jahr 1980 wurde die Lok wieder feierlich eingeweiht und beförderte jahrelang

regelmäßig Dampfzüge auf dieser reizvollen Strecke. Wegen des schlechten Zustands der Wagen durfte der Dampfzug nicht mehr öffentlich eingesetzt werden und die Lok stand nun arbeitslos in Waldenburg eingestellt. Eine geplante Umspurung der Bahn von 750 mm auf 1000 mm im Jahr 2022 wird dann das definitive Aus der Lok bedeuten. Nach einer allerletzten Abschiedsfahrt im Jahr 2018 wird die Lok mit Wagen an der WB-Strecke in einer »Vitrine« als Denkmal erhalten bleiben. Die G 3/3 6 wurde ebenfalls 1953 ausrangiert und von einem Modellbahnclub erworben, dessen Mitglieder die Lok äußerlich aufarbeiteten und sie 1959 dem Verkehrshaus Luzern übergaben, wo sie auch heute noch zu bewundern ist.

Betriebsnummern	4 – 6
ursprüngliche Anzahl	3
Baujahre Loks 5 und 6	1902, 1912
Erbauer	SLM
Dienstleistung	170 PS
Länge über Puffer	5883 mm
Dienstgewicht	15,4 t
Vmax	25 km/h
Spurweite	750 mm

G 3/3 5 - BC

Die schmalspurige Bahn von Lausanne via Echallens nach Bercher (LEB) gehört zu den ältesten Privatbahnen der Schweiz. 1873 wurde das erste Teilstück eröffnet. Der Hersteller SACM (Société alsacienne de constructions mécaniques, Graffenstaden) lieferte an die LEB zwei Dampflokomotiven des Typs G 3/3, welche die Nummern 2 und 5 erhielten (Fabriknummern 3857 und 4172). Gebaut wurden sie 1888 und 1890. Lok 2 wurde bereits 1929 abgebrochen, Lok 5 stand bis 1934 auf der LEB im Einsatz. Danach diente sie als Baulokomotive in der Nähe von Vallorbe und später bei Dixence. 1939 wurde die Lok nach Österreich verkauft, wo sie im Vorarlberg als Werklokomotive einer Firma in Götzis bis 1967 diente. Bis 1973 stand sie dann in Feldkirch auf einem Spielplatz als Denkmallok, danach

kam sie zur Westschweizer Museumsbahn Blonay – Chamby, wo sie seit vielen Jahren mit dunkelgrünem Anstrich Dampfzüge zieht. Auch an Paraden und Anlässen auf der BC ist sie oft zu sehen. Lok 5 trägt den Namen »Bercher«. Von 2013 bis 2015 war sie allerdings wegen einer Revision nicht in Betrieb.

Betriebsnummern	2, 5
ursprüngliche Anzahl	2
Baujahr	1890
Erbauer	SACM
Dienstleistung	180 PS
Länge über Puffer	6830 mm
Dienstgewicht	20,4 t
Vmax	25 km/h
Spurweite	1000 mm

G 3/3 8 – LEB

1910 lieferte die SLM als Einzelanfertigung mit der Fabriknummer 2095 eine G 3/3 mit der Nummer 8 an die Chemin de fer Lausanne-Echallens-Bercher. Die kleine Lok beförderte bis zur Elektrifikation der Linie im Jahr 1936 Personenzüge, wurde dann aber ausrangiert und ab 1941 nach Montbovon gebracht, wo sie als Kriegsreserve diente. Ab 1945 stand sie beim Holzwerk Renfer in Biel/Bienne als Werklokomotive im Einsatz. Sie diente zwar bis 1977 als Werklokomotive, wurde aber 1973 auf ihrer alten Heimatstrecke zum 100-jährigen Jubiläum der Strecke vor Dampfzügen eingesetzt. Das Holzwerk Renfer stellte seine Produktion und den Werkbahn-betrieb im Jahr 1994 endgültig ein. Aber schon 1977 kam dann die Lok definitiv zur LEB in ihre alte Heimat zurück. Sie ist im Depot Echallens stationiert und führt in den

Sommermonaten regelmäßig fahrplanmäßige Dampfzüge zwischen Cheseaux und Bercher. Die Lok konnte für den Winterbetrieb mit einem im Vergleich zu ihr relativ großen Schneepflug ausgerüstet werden. Sie trägt den Namen »Echallens« und ist komplett schwarz gestrichen. Bei der LEB handelt es sich um die älteste meterspurige Privatbahn der Schweiz.

Betriebsnummern	8
ursprüngliche Anzahl	1
Baujahr	1910
Erbauer	SLM
Dienstleistung	220 PS
Länge über Puffer	6590 mm
Dienstgewicht	23,2 t
Vmax	30 km/h
Spurweite	1000 mm

G 3/3 6 (JS 909) – BC

Für die Talstrecken der Brüniglinie, damals noch von der Jura-Simplon-Bahn (JS) betrieben, baute die SLM zehn kleine dreiachsige Dampflokomotiven, die die Nummern 901 – 910 erhielten. Die Lokomotiven wurden zwischen 1887 und 1901 erbaut. Einige Lokomotiven schieden jedoch schon relativ früh (1911) aus dem Dienst, bis 1924 war dann die ganze Serie ausrangiert worden. Die 909 wurde 1921 an die Westschweizer Privatbahn Biere-Apples-Morges, BAM (heute MBC), verkauft und stand dort bis zur Elektrifizierung der BAM im Jahr 1943 im Einsatz. Danach konnte sie an das Holzwerk Renfer in Biel/Bienne verkauft werden, wo sie noch bis 1967 als Werklokomotive mit derselben Nummer 6 benutzt wurde. Im selben Jahr wurde sie der Westschweizer Museumsbahn Blonay – Chamby (BC) geschenkt, welche sie regelmäßig für Dampfzüge auf der Museumsstrecke einsetzt. 1976/77 erhielt die Lok eine komplette Revi-

sion, 1984/85 wurde der Kessel der Lok ersetzt. Die als G 3/3 6 (diese Nummer erhielt sie bei der BAM) bezeichnete Lokomotive wird fallweise auch als JS 909 angeschrieben eingesetzt. Die Fabriknummer dieser schmucken Lok ist 1341. Die BAM selber besaß ursprünglich fünf eigene Dampflokomotiven, welche aber alle in den Jahren 1943 – 1951 abgebrochen wurden.

Betriebsnummern	901 – 910 (901 – 906 früher 301 – 306, ab 1903 101 – 110)
ursprüngliche Anzahl	10
Baujahr Lok 909	1901
Erbauer	SLM
Dienstleistung	200 PS
Länge über Puffer	7020 mm
Dienstgewicht	25 t
Vmax	45 km/h
Spurweite	1000 mm

G 3/3 12, 18 – BTG, VHS

Im Jahr 1894 lieferte die Schweizerische SLM acht Dampftramlokomotiven nach Bern. Die Fahrzeuge mit den Fabriknummern 862 – 868 und 890 erhielten die Betriebsnummern G 3/3 11 – 18. Ein langes Leben war den Fahrzeugen in Bern aber nicht vergönnt, denn bereits zwischen 1902 und 1908 wurden alle acht Fahrzeuge wieder ausrangiert, da die Dampftramstrecken im selben Jahr auf elektrischen Betrieb umgestellt wurden. Bis auf die Nummern 12 und 18 wurden alle Fahrzeuge weiterverkauft (Schweiz und Ausland) und zwischen 1929 und 1946 verschrottet. Die G 3/3 12 ging nach ihrer Ausrangierung und Einsätzen als »Werklok« im Holzwerk Renfer in Biel/Bienne im Jahr 1943 in den Besitz der SBB zur Aufbewahrung über. Nach einem Gastspiel von 1971 – 1983 auf der Museumsbahn Blonay – Chamby ging das Fahrzeug an die Stiftung Technorama in Winterthur über und es wurde im Freien als Denkmal aufgestellt. Doch der Zustand der Lok wurde immer schlechter. Schließlich wurde sie 1994 vom Sockel geholt und mit ihrer Restaurierung begonnen. Im Jahr 2002 konnte das Fahrzeug feierlich eingeweiht werden und fährt bis heute an bestimmten Tagen mit einem schmucken Anhänger durch

Bern. Betrieben wird der Dampftram-Zug von der Berner Tramway-Gesellschaft AG (BTG). Die G 3/3 18 kam nach ihrer Ausrangierung zur Stansstad-Engelberg-Bahn und wurde aber 1950 abgestellt. Im Jahr 1959 fand sie dann ihre letzte Bleibe im Verkehrshaus der Schweiz (VHS) in Luzern. 1976, 1988, 1994 und 2000 wurde die Lok für Extrafahrten in Bern fahrfähig gemacht, seitdem steht sie wieder im Museum. Beide Lokomotiven besitzen für Dampftramloks die übliche eckige Bauform. Die kastenförmige, halboffene Bauform erlaubt dem Lokführer eine gute Rundumsicht. Der Kohlenvorrat beträgt 400 kg, der Wasservorrat 1,6 t. Lokomotiven mit kleineren Unterschieden gab es auch in Genf, Neuchâtel und im Birsigtal.

Betriebsnummern	11 – 18
Ursprüngliche Anzahl	8
Baujahre Loks 12 und 18	1894
Erbauer	SLM
Dienstleistung	163 PS
Länge über Puffer	5690 mm
Dienstgewicht	16 t
Vmax	25 km/h
Spurweite	1000 mm

G 3/3 Sequoia – SchBB

Im Jahr 1944 lieferte die Firma Maschinenbau und Bahnbedarf AG (MBA) diese kleine dreiachsige Dampflok mit Schlepptender an die Zuckerfabrik in Zichenau im heutigen Polen. Die Lokomotive mit der Fabriknummer 13585 gehörte zu einer Serie von fünf Lokomotiven, die die Bezeichnung Ty3 erhielten und in den umliegenden Zuckerfabriken als Werklokomotiven eingesetzt wurden. 1977 bemühte sich die Hermann Zulauf AG um den Erwerb einer polnischen Dampflok. Somit kam die ehemalige PKP Ty3 194 im Jahr 1978 nach Schinznach zur Baumschulbahn (SchBB) und konnte bereits 1979 erste Züge führen. 1980 wurde sie aber wieder als Reserve abgestellt, mit einer Teilrevision wurde 1983 begonnen. 1984 wurde sie als »Sequoia« wieder in Betrieb genommen und es wurden einige Änderungen an der Lok vorgenommen. 2006 wurde sie für eine Totalrevision abgestellt. Im Jahr 2011 erhielt die Sequoia den Kessel der »Rupperswil« (der

Schwesterlok der »Molly« und der »Auenstein«) und steht seither auf dem Areal der Baumschule in Schninznach vor Dampfzügen im Einsatz. Die Lok trägt heute einen blauen Anstrich, nachdem sie früher grün und zeitweilig gar eine rosarote Werkstattgrundierung trug. Der Name »Sequoia« steht vor eine Gattung der Mammutbäume. Im heutigen Fuhrpark dieser besuchenswerten Bahn ist die »Sequoia« die einzige Dampflokomotive mit Schlepptender.

Betriebsnummern	Ty 3-194 und 195 sowie drei weitere Loks
ursprüngliche Anzahl	5
Baujahr	1944
Erbauer	MBA
Dienstleistung	90 PS
Länge über Puffer	9290 mm
Dienstgewicht	21 t
Vmax	20 km/h
Spurweite	600 mm

G 3/4 1, 11 und 14 – RhB, club1189, Dampflokiverein AB

Die durch die SLM erbauten G 3/4 1 – 16 – in fünf Lieferlosen zwischen 1889 und 1908 – waren die ersten Triebfahrzeuge für die Rhätische Bahn, welche 1889 zwischen Landquart und Klosters eröffnet wurde. Schon relativ früh, von 1908 bis 1921, wurde das gesamte Netz der RhB elektrifiziert, sodass auf die Dampflokomotiven verzichtet werden konnte. Einige der Loks wurden in der Schweiz weiterverkauft, andere fanden im Ausland (Luxembourg, Spanien und Brasilien) eine neue Heimat. Sie alle wurden zwischen 1925 und 1970 ausrangiert und abgebrochen. In der Schweiz bis heute erhalten geblieben sind die Lokomotiven G 3/4 1, 11 und 14. Die G 3/4 1 mit dem Namen »Rhätia« und der Fabriknummer 577 wurde 1928 bei der RhB ausrangiert und kam 1970 zur Museumsbahn Blonay – Chamby und stand dort ab 1971 in Betrieb. 1988 ging sie zurück zur RhB um für das 100-jährige Jubiläum wieder auf ihren Heimatstrecken fahren zu können. Zurzeit ist die Lok 1, auf eine Revision wartend, in Landquart abgestellt. Die G 3/4 11 (Fabriknummer 1476) kam 1977 ins Berner Oberland (Modelleisenbahnfreunde Zweilütschinen), wo sie auf den Adhä-

sionsstrecken der BOB Dampfzüge führte. 1990 wurde sie mit Kesselschaden abgestellt und kam 1999 zur RhB zurück. Die Lok, im Besitz des club1889, wurde im Depot Samedan auf Ölfeuerung umgebaut und steht seit 2014 wieder in Betrieb. Da sie im Schweizer Filmklassiker »Heidi« zu sehen war, trägt sie auch diesen Namen. Die G 3/4 14 ging 1972 ins Appenzeller Land und ist im Besitz des Dampflokiverein AB (Appenzeller Bahnen). Die Dampflok führte Extrazüge auf der Linie Herisau AB-Wasserauen, musste dann aber 2003 abgestellt werden. Seit 2015 ist sie wieder in Betrieb, »hört« auf den Namen »Madlaina« und ist in Herisau stationiert.

Betriebsnummern	1 – 16
ursprüngliche Anzahl	16
Baujahr	1889, 1902
Erbauer	SLM
Dienstleistung	250 PS
Länge über Puffer	7945 mm / 8384 mm / 8434 mm
Dienstgewicht	30,2 – 34 t
Vmax	45 km/h
Spurweite	1000 mm

G 3/4 203, 208 – BDB, Denkmal

Zwischen 1905 und 1913 wurden durch die SLM acht Dampflokomotiven des Typs G 3/4 mit einer Laufachse vorne an die damalige Brünigbahn (Bahnlinie Luzern – Meiringen – Interlaken Ost) geliefert. Gebaut wurden die Dampfloks, welche die Bezeichnung G 3/4 201 – 208 erhielten, für die Talstrecken der Brünig-Linien zwischen Luzern und Giswil sowie Meiringen – Interlaken Ost. Die reinen Adhäsionslokomotiven konnten nicht oder nur geschleppt auf dem Abschnitt (Zahnrad) zwischen Giswil und Meiringen verkehren. Die Lokomotiven erfüllten ihre Aufgaben zufriedenstellend, sodass die ganze Serie bis 1943 im Einsatz stand, da die Brünigbahn 1941 – 1942 elektrifiziert wurde. 1943, 1947 und 1957 wurden die Lokomotiven 201 – 206 ausrangiert. Die 201, 202 und 206 wurden abgebrochen, die 203, 204 und 205 nach Griechenland verkauft (Thessalische Eisenbahn, Volos). Die 207 und 208 wurden 1965 ausrangiert. Lok 207 landete im Alteisen, während die G 3/4 208 (Fabriknummer 2402) von Privatpersonen gekauft wurde und 1974 wieder

in Betrieb genommen wurde. Heute befindet sich die Lokomotive im Besitz des Verein Ballenberg-Dampfbahn und ist in Interlaken Ost stationiert. Bei einem Depotbrand im Jahr 2013 wurde die Lokomotive stark beschädigt. Bei der Rhätischen Bahn in Landquart konnte die Lok wieder instand gesetzt werden und verkehrt seit 2017 wieder regelmäßig auf der Talstrecke zwischen Interlaken Ost und Meiringen. Von den nach Griechenland verkauften Loks ist noch in Volos als Denkmal Lok 203 (Fabriknummer 2222) vorhanden, die 204 und 205 wurden um 1984 abgebrochen.

Betriebsnummern	201 – 208
ursprüngliche Anzahl	8
Baujahr Lok 208	1913
Erbauer	SLM
Dienstleistung	250 PS
Länge über Puffer	8530 mm
Dienstgewicht	32,3 t – 33,1 t
Vmax	60 km/h (bei Ablieferung 45 km/h)
Spurweite	1000 mm

G 3/5 23 – BC

Für die Nebenlinie Olot – Gerona lieferte der spanische Hersteller Maquinista Terrestre y Maritima MTM (Barcelona) 1926 vier Dampflokomotiven mit den Nummern 21 – 24 an diese Schmalspurbahn. Die rund 55 km lange Linie war bis 1969 in Betrieb und wurde dann stillgelegt. Die Lokomotive (Baureihe 131T) mit der Nummer 23 kam 1971 in die Schweiz zur Museumsbahn Blonay – Chamby. Laut dem Bezeichnungssystem in der Schweiz wird die Lok als G 3/5 bezeichnet. Drei Achsen der Lok sind angetrieben, davor und dahinter liegt je eine Laufachse. Aufgrund der großen Revisionsarbeiten, die anstanden, ist die Lok bei der BC nie in Betrieb gekommen, wurde aber inzwischen mit einem Neuanstrich versehen.

Die Lok ist im Museum Chaulin ausgestellt. Die G 3/5 23 trägt die Fabriknummer 282. Die Schwesterlokomotiven 22 und 24 sind in Spanien ebenfalls noch erhalten, Lok 21 wurde abgebrochen.

Betriebsnummern	21 – 24
ursprüngliche Anzahl	4
Baujahr	1926
Erbauer	MTM (Spanien)
Dienstleistung	458 PS
Länge über Puffer	9640 mm
Dienstgewicht	31 t
Vmax	35 km/h
Spurweite	1000 mm

G 4/4 Taxus – SchBB

Die 1917 durch die Firma Krauss erbaute Brigadelok mit der Fabriknummer 7349 (Originalnummer HF 1575) gehörte zu seiner Serie von 32 an die Heeresverwaltung gelieferten Dampfloks. Insgesamt wurden weit über 2'500 Brigadeloks durch verschiedene Firmen ausgeliefert. Sie war in Deutschland an verschiedenen Orten im Einsatz, zuletzt bei der Waldeisenbahn Muskau. 1952 wurde sie in das Nummernschema der Deutschen Reichsbahn (DR) als BR 99 3311 eingereiht und kam schließlich im Jahr 1977 in die Schweiz. Bereits 1978 wurde sie auf der Schinznacher Baumschulbahn in Betrieb genommen und erhielt den Namen »Taxus«. Die landesübliche Bezeichnung der Lok hier ist G 4/4. 1987 wurde die Lok abgestellt und einer Totalrevision unterzogen. 1993 erhielt der »Taxus« einen neuen Kessel. Bis 2011 konnten die aufwendigen Revisionsarbeiten abgeschlossen werde und im selben Jahr kam die schön hergerichtete Lok wieder in Betrieb. Im Jahr 2012 gab der »Taxus« ein Gastspiel in seiner alten Heimat in Bad Muskau und traf dabei auf ihre Schwester, die 99 3317.

Von den acht an die Waldeisenbahn Muskau gelieferten Brigadelokomotiven 99 3310 – 3311 und 3313 – 3318 sind alle Loks erhalten geblieben und befinden sich, neben je einer Lokomotive in der Schweiz und in Schweden, alle in Deutschland. Auffallend an den vierachsigen Lokomotiven ist die spezielle Form des Kamins. Neben dem »Taxus« besitzt die Schinznacher Baumschulbahn noch seit 2017 zwei weitere Brigadeloks: eine Hanomag mit der Fabriknummer 8310 von 1918 (in Aufarbeitung) sowie die O&K 8356 von 1917 in zerlegtem Zustand.

Betriebsnummern	»Taxus« (ex DR 99 3311)
Baulos dieser Fahrzeugserie	div.
Baujahr	1917
Erbauer	Krauss & Co. München
Dienstleistung	75 PS
Länge über Puffer	5980 mm
Dienstgewicht	12 t
Vmax	15 km/h
Spurweite	600 mm

G 4/5 107, 108, 118, 123 – RhB, Denkmal

Um dem steigenden Verkehr auf der Rhätischen Bahn gerecht zu werden, bestellte die RhB zwischen 1904 und 1915 bei der Schweizerischen SLM insgesamt 29 Schlepptenderlokomotiven des Typs G 4/5. Es sollten die einzigen Schlepptenderloks für eine Schweizerische Schmalspurbahn bleiben. Die Fahrzeuge erhielten die Betriebsnummern 101 – 129. Während die ersten sechs Lokomotiven (101 – 106) als Zweizylinder-Nassdampfmaschinen gebaut wurden, handelt es sich bei den übrigen Maschinen um Heißdampf-Zwillingsmaschinen. Hauptsächlich kamen die Loks auf den Linien Chur – St. Moritz und Landquart – Davos zum Einsatz. Doch schon 1913 begann die Elektrifizierung des RhB-Netzes, welche 1922 beendet war. Aus diesem Grund schieden die Loks auch schon relativ früh aus dem Dienst. Dank der guten Qualität der Lokomotiven konnten etliche davon ins Ausland verkauft werden und fanden in Staaten wie Thailand, Brasilien und Spanien eine neue Heimat. Von den nach Thailand verkauften Lokomotiven sind heute noch zwei vorhanden: die G 4/5 118 (mit ihrer Nummer 340) steht als

Denkmal in Chiang Mai und die 123 (als 336) in der Hauptwerkstätte Makkasan (Bangkok). Bei der Rhätischen Bahn selber sind zwei G 4/5 erhalten geblieben, die 107 und 108. Beide Loks sind mehrmals jährlich von Sonderzügen anzutreffen und erfreuen sich großer Beliebtheit. In der Regel sind die Loks in Landquart (107, mit dem Namen »Albula«) und Samedan (108, mit dem Namen »Engiadina«) stationiert. Die vier noch existierenden Lokomotiven tragen die Fabriknummern 1709 (107), 1710 (108), 2208 (118) sowie 2332 (123).

Betriebsnummern	101 – 129
ursprüngliche Anzahl	29
Baujahre 107, 108, 118, 123	1906, 1912, 1913
Erbauer	SLM
Dienstleistung	800 PS
Länge über Puffer	13970 mm
Dienstgewicht	67,5 – 68,5 t
Vmax	45 km/h
Spurweite	1000 mm

BR 99 193 – BC

Ab 1927 lieferte die MF Esslingen vier meterspurige, fünfachsige Dampflokomotiven an die Deutsche Reichsbahn (DR), die unter der Bezeichnung BR 99.19 in Betrieb gesetzt wurden. Haupteinsatzgebiet war damals die Strecke Nagold – Altenstein. 1944 wechselten zwei der vier Lokomotiven den Einsatzort: 99 191 kam zur Reichsbahndirektion Erfurt, die sie auf der Schmalspurbahn Eisfeld – Schönbrunn einsetzte. Die Lok kam noch auf anderen Strecken zum Einsatz, ehe sie 1975 in Görlitz abgebrochen wurde. Die 99 194 kam zum Kriegsdiensteinsatz auf dem Balkan im ehemaligen Jugoslawien und wurde höchstwahrscheinlich noch in den 1950er Jahren wegen eines Kesselschadens abgebrochen. Lok 99 192 und 193 blieben in Deutschland, wurden nach kriegsbedingten Schäden wieder aufgearbeitet und standen noch einige Zeit bis 1959 (99 192) im Einsatz, ehe sie als Ersatzteilspender genutzt und später abgebrochen wurde. Die BR 99 193 wurde 1967 ausrangiert und 1969 an die Westschweizer Museumsbahn Blonay – Chamby (BC) verkauft. In den 1970er Jahren wurde die Lok in Yverdon revidiert, um danach auf der Museumsbahn vor Dampfzügen eingesetzt werden zu können. Bis Ende der 1980er Jahre stand die Lok im Einsatz. Seither ist die in der Museumshalle ausgestellt. Im Winter 2017/2018 erhielt die Lok einen gefälligen, grauen Fotoanstrich. In der Schweiz würde die Lokomotive die Bezeichnung G 5/5 tragen. Die Fabriknummer der Lok ist 4183.

Betriebsnummer	99 191 – 194
ursprüngliche Anzahl	4 (in Deutschland)
Baujahr	1927
Erbauer	Maschinenfabrik Esslingen (D)
Dienstleistung	600 PS
Länge über Puffer	8436 mm
Dienstgewicht	43,5 t
Vmax	30 km/h
Spurweite	1000 mm

E.164 – La Traction SA

1991 wurde die Aktiengesellschaft »La Traction S.A.« mit dem Zweck, nostalgische Züge auf den Schmalspurlinien in den Freibergen (Kanton Jura) zu führen, gegründet. Bereits ein Jahr später, im Jahr 1992, wurden aus Portugal zwei Mallet-Dampflokomotiven erworben und schon im Jahr 1993 konnte der erste Dampfzug durch die Freiberge geführt werden. Bei der E.164 (G 2x 2/2) handelt es sich um eine 1905 (Fabriknummer 7022) durch Henschel erbaute Mallet-Dampflok, die zu einer zwischen 1905 und 1908 gelieferten Serie von zehn Tenderlokomotiven gehörte, die bis in die 1980er Jahre in der Gegend von Porto eingesetzt wurden. Die ehemalige Lok 404 wurde in Portugal allerdings bereits 1973 ausrangiert. Diese formschöne Mallet-Dampflokomotive besitzt zweimal zwei angetriebenen Achsen. Von 1998 bis 1999 wurde die Lok in Meiningen (D) aufgearbeitet und erhielt u.a. einen neuen Stahlkessel

sowie eine Druckluftbremse. Nach anfänglichen technischen Problemen wird die Lok mehrmals im Jahr für Dampfzüge eingesetzt. Da die E.164 im Gegensatz zur größeren E. 206 (G 2/2 + 2/3) im Betrieb wirtschaftlicher ist, kann die Lok für günstigere Angebote für kleinere Gruppenreisen angeboten werden. Stationiert ist die Lok in Pré-Petitjean, wo sich auch Depot und Werkstätte der La Traction SA befinden.

Betriebsnummern	E.164 (Original 404)
Ursprüngliche Anzahl	10 (in Portugal)
Baujahr	1905
Erbauer	Henschel
Dienstleistung	530 PS
Länge über Puffer	10853 mm
Dienstgewicht	42 t
Vmax	40 km/h
Spurweite	1000 mm

E.206 – La Traction SA

Die E.206, ebenfalls wie die E.106 aus Portugal, gehörte zu einer Serie von 16 Mallet-Dampflokomotiven, welche zwischen 1911 und 1923 ebenfalls durch Henschel erbaut wurden. Die E.206 mit Baujahr 1913 trägt die Fabriknummer 12281 und stand in Portugal bis 1978 im Einsatz. 1992 bis 1993 wurde die Lok in Meiningen revidiert und konnte im September 1993 nach erfolgreicher Abnahme durch den Kesselinspektor die erste öffentliche Dampffahrt absolvieren. Die nach Schweizer System als G 2/2 + 2/3 bezeichnete Lok ist größer als die E.164 und besitzt auch mehr Leistung. Sie ist wie die E.164 in Pré-Petitjean stationiert. Gelegentlich waren beide ehemaligen »Portugiesen« in Doppeltraktion unterwegs. Als besonderes Erlebnis wird ein »Zugüberfall« auf offener Strecke durch den Verein angeboten. Es sind die beiden einzigen portugiesischen Dampflokomotiven in der Schweiz. Der Buchstaben »E« bei der Bezeichnung bedeutet »estreito«, was in Portugiesisch »Schmalspur« heißt. Seit 2014 ist die Lok abgestellt, da u.a. diverse Kesselrohre nicht mehr dicht sind. An einer Wiederinbetriebnahme der Lok wird derzeit gearbeitet.

Betriebsnummern	E.206 (Original 456)
Ursprüngliche Anzahl	16 (in Portugal)
Baujahr	1913
Erbauer	Henschel
Dienstleistung	730 PS
Länge über Puffer	12100 mm
Dienstgewicht	60 t
Vmax	40 km/h
Spurweite	1000 mm

Bhm 1/2 9 – 10 PB

1889 wurde am Vierwaldstättersee in der Zentralschweiz die Zahnradbahn auf den Pilatus eröffnet. Die SLM lieferte insgesamt elf Dampftriebwagen an die steilste Zahnradbahn der Welt, die ab 1889 zum Einsatz kamen. Die Lieferung erfolgte in den Jahren 1886 – 1889, 1900 und 1909. Die Triebwagen boten 32 Sitzplätze und verrichteten zuverlässig ihre Dienste zwischen Alpnachstad am Vierwaldstättersee und dem Pilatus Kulm, bis die Bahn 1937 elektrifiziert wurde. Noch im selben Jahr wurden bis auf die Triebwagen 9 und 10 alle Fahrzeuge ausrangiert und verschrottet. Triebwagen 9 blieb noch bis 1981 als Reserve bei der Pilatusbahn in Betrieb und steht seither im Verkehrshaus der Schweiz in Luzern ausgestellt. Triebwagen 10 ging als Dauerleihgabe in Technische Museum in München nach Deutschland. Die Triebwagen 9 und 10 tra-

gen die Fabriknummern 1309 (9) und 1983 (10). Ideen, den einen Dampftriebwagen wieder betriebsfähig herzurichten und auf der Pilatusbahn einzusetzen sind bis heute nicht umgesetzt worden. Noch heute stehen auf der Pilatusbahn alle acht elektrischen Triebwagen der ersten Serie im Einsatz. Die Pilatusbahn besitzt weltweit als einzige Bahn das Zahnradsystem Typ »Locher«.

Betriebsnummern	1 – 11
ursprüngliche Anzahl	11
Baujahr Triebwagen 9 und 10	1900, 1909
Erbauer	SLM
Dienstleistung	100 PS
Länge über Puffer	10300 mm
Dienstgewicht	12,4 t
Vmax	4,3 km/h
Spurweite	800 mm

Eh 1/2 1 Gnom - VHS

Schon 1870 wurde im Steinbruch Ostermundigen eine 1400 m lange Bahnstrecke gebaut, davon waren 480 Meter mit einem Zahnstangenabschnitt System Marsh ausgerüstet, die im Jahr 1871 kurz vor der Vitznau-Rigi-Bahn eröffnet wurde. 1871 erbaute die Schweizerische Centralbahn Werkstätte in Olten eine Zahnraddampflok. Die Eh 1/2 erhielt den Namen »Gnom« und stand bis 1902, nachdem der Abbau beendet und die Bahn stillgelegt wurde, im Einsatz. Der »Gnom« kam 1907 zur Firma von Roll in Delémont, wo sie bis 1940 blieb. Unterdessen wurde der Zahnradantrieb ausgebaut. Herrn Dr. Ernst Dübi ist es zu verdanken, dass der »Gnom«, unterdessen in schlechtem Zustand, 1942 nicht abgebrochen wurde. Nach Dübis Tod im Jahr 1947 wurde eine geplante Stiftung ins Leben gerufen, die sich um den Erhalt wertvoller Objekte aus der frühen Schweizer Industrie kümmerte, u.a. der Loks »Gnom« und »Elfe«. 1956 wurde der »Gnom« von Lehrlingen der von Roll Werke aufgefrischt, der ausgebaute Antrieb und das Zahnrad waren aber nicht mehr auffindbar. Die historisch sehr wertvolle Lok »Gnom« (Fabriknummer 10) war

danach u.a. in Vallorbe abgestellt, ehe sie von 1979 als Denkmal vor der Hauptwerkstätte in Olten aufgestellt wurde. Im Jahr 2000 musste die Lok wegen anstehenden Bauarbeiten den Platz räumen und kam 2000 ins Verkehrshaus. Mit der Aufarbeitung (im öffentlichen Bereich des Museums) durch die Dampfgruppe Balsthal wurde umgehend begonnen und bereits im Frühjahr 2002 wurde die Lokomotive wieder seit sehr langer Zeit unter Dampf gesetzt und legte einige Meter im Freigelände des Museums zurück. Heute ist sie nach wie vor im Verkehrshaus ausgestellt. Der »Gnom« ist die älteste, in der Schweiz gebaute erhaltene Dampflok überhaupt.

Name	Gnom
ursprüngliche Anzahl	1
Baujahr	1871
Erbauer	SCB Olten
Dienstleistung	125 PS
Länge über Puffer	7210 mm
Dienstgewicht	21 t
Vmax	10 km/h
Spurweite	1435 mm

Eh 2/2 1 Caspar Honegger – Privatbesitz

1877 baute die Maschinenfabrik der Internationalen Gesellschaft für Bergbahnen in Aarau diese zweiachsige Zahnrad-Dampflok, die für die Webmaschinenfabrik Honegger in Rüti ZH als Werklokomotive zum Einsatz kam. Die als Eh 2/2 1 bezeichnete Dampflok trägt die Fabriknummer 12. Die Lokomotive wurde 1893 (neuer Kessel) und 1925 nochmals durch die SLM umgebaut. Das Firmengelände lag (Schließung 1997) unterhalb des SBB Bahnhofs, weshalb das steile Verbindungsgleis mit einem kurzen Zahnradabschnitt System Riggenbach verbunden war. Die Lokomotive erhielt 1910 Verstärkung durch eine zweite Zahnradlokomotive (Eh 2/2 2, SLM 2126). Schließlich kam 1950 noch eine dritte Lok hinzu, die die Eh 2/2 1 in die Reserve drängte. Bis 1964 soll sie aber immer noch sporadisch zum Einsatz gekommen sein. Als im selben Jahr ein Dieseltraktor angeschafft wurde, konnte auf die Lok verzichtet werden. Danach gelangte die Eh 2/2 1 nach Winterthur ins Technorama, wo sie auf einem Sockel als Denkmal aufgestellt wurde. Durch die lange Zeit im Freien wurde der Zustand der Lok immer schlechter. Eine Privatperson erhielt 1997 die Lok leihweise (2011 vom aktuellen Besitzer käuflich übernommen) für eine Aufarbeitung. Die Lokomotive wurde in Seewen bei Schwyz in einer Halle in teilweise zerlegtem

Zustand eingelagert, bis 1998 mit der Aufarbeitung begonnen wurde. 2014 war es dann soweit: die perfekt restaurierte Eh 2/2 1, nun mit dem Namen »Caspar Honegger« versehen, stand nach gut einem halben Jahrhundert wieder unter Dampf. Die Lokomotive war an einigen Anlässen zu Gast, 2018 sogar in Frankreich als Gastfahrzeug bei einer grenznahen Museumsbahn. Heute befindet sich die schmucke Lokomotive wieder in der Halle in Seewen, ist nach wie vor betriebsfähig und besitzt vom Bundesamt für Verkehr sogar eine Betriebsbewilligung. Die Eh 2/2 2 wurde nach ihrer Ausrangierung im Jahr 1964 im Kinderzoo in Rapperswil als Denkmal aufgestellt. Obwohl es für den Erhalt der Lok Interessenten gegeben hätte, wurde die Eh 2/2 2 unverständlicherweise vor ein paar Jahren abgebrochen.

Betriebsnummern	1
ursprüngliche Anzahl	1
Baujahr	1877
Erbauer	Aarau
Dienstleistung	ca. 125 PS
Länge über Puffer	6160 mm
Dienstgewicht	15 t
Vmax	15 km/h (8 km/h Zahnrad)
Spurweite	1435 mm

Eh 2/2 3 Rosa – Eurovapor

Die 1847 gegründete Firma Caspar Honegger (seit 1886 Maschinenfabrik Rüti ZH) hatte als Besonderheit ein kurzes, aber steiles Anschlussgleis, welches das Firmengelände mit dem Bahnhof SBB verband. 1951 lieferte die SLM dieses Einzelstück an die Maschinenfabrik Rüti ZH. Die mit dem Zahnradsystem »Riggenbach« ausgestattete Lokomotive erhielt die Bezeichnung Eh 2/2 3. Die beiden älteren Dampflokomotiven der Werkbahn und die Eh 2/2 3 erhielten 1962 noch Verstärkung durch einen Dieseltraktor. Während die beiden anderen Dampflokomotiven 1 und 2 abgegeben wurden, hielt sich die Eh 2/2 3 noch bis 1997 als Reservelok im Bestand. Die Produktion der Firma wurde 1997 eingestellt und das Rollmaterial wurde veräußert. Die Eh 2/2 3 (Fabriknummer 4046) konnte 1997 vom Verein Eurovapor (Rorschach) übernommen werden und erhielt den Namen »Rosa«. Von Rorschach aus führte die Lok in den

Sommermonaten auf der sehenswerten Zahnradstrecke nach Heiden Extrazüge, oft mit offenen Sommerwagen. Schäden und Abzehrungen im Jahr 2017 am Kessel bedeuteten das vorläufige Aus für die Rosa. Die Lok ist abgestellt, soll aber zu gegebener Zeit wieder betriebsfähig aufgearbeitet werden. Daher wurden die Nostalgiefahrten nach Heiden mit einem nostalgischen Elektrotriebwagen geführt. Die Lokomotive ist normalerweise in Rorschach stationiert.

Betriebsnummer	3
ursprüngliche Anzahl	1
Baujahr	1951
Erbauer	SLM
Dienstleistung	302PS
Länge über Puffer	7510 mm
Dienstgewicht	30 t
Vmax	20 km/h (8 km/h Zahnrad)
Spurweite	1435 mm

Eh 2/2 2 Elfe – Denkmal

Als Ergänzung zur Eh 1/2 »Gnom« kam 1876 dann noch eine zweite, etwas zugkräftigere Lok für die Steinbruchbahn Ostermundigen in Betrieb. Im Gegensatz zum »Gnom« verfügt die »Elfe« über zwei angetrieben Achsen. Hauptaufgabe dieser Bahn war das Transportieren von Sandsteinblöcken vom Steinbruch bis zur Verladestation Ostermundigen. Gebaut wurde die Eh 2/2 mit dem Namen »Elfe« (Fabriknummer 10) durch die Internationale Gesellschaft für Bergbahnen, Werkstätte Aarau. Auch diese Lok wurde 1902 ausrangiert, die Gleisanlagen der Bahn fielen 1907 dem Abbruch anheim. Die »Elfe«, ab 1907 ebenfalls für die von Roll Werke in Gerlafingen bis 1941 als Werklokomotive mit der Nummer 6 im Einsatz, war ebenfalls u.a. in Vallorbe abgestellt. Weil das Verkehrshaus in Luzern aus Platzgründen nicht alle Fahrzeuge ausstellen konnte, nutzte es diverse SBB-Depots als Einstellhallen historisch wertvoller Fahrzeuge. Seit dem Mai 1981 steht die Elfe als Denkmal mit einem Flachwagen in Ostermundigen und soll an die ehemalige Steinbruchbahn, die erste Zahnradbahn Europas, erinnern. Wie auch der »Gnom« gehört die Elfe damals zu den beiden ersten Lokomotiven weltweit, die über einen gemischten Antrieb (Zahnrad und Adhäsion) verfügten. Schöpfer dieser genialen Konstruktion war Ingenieur Niklaus Riggenbach (1817 – 1899).

Name	Elfe
ursprüngliche Anzahl	1
Baujahr	1876
Erbauer	Maschinenfabrik Aarau
Dienstleistung	185 PS
Länge über Puffer	6860 mm
Dienstgewicht	19 t
Vmax	10 km/h
Spurweite	1435 mm

H 1/2 7 – VHS

Für die 1871, als erste öffentliche Zahnradbahn von Vitznau bis Rigi Staffelhöhe lieferte
die SLM 1873 ihre allererste Lok aus. Die
H 1/2 7 trägt die Fabrlknummer 1 und ihr folg
ten dann noch drei weitere Loks mit den Nummern 8 – 10. Sechs baugleiche Lokomotiven
H 1/2 1 – 6 wurden schon zuvor durch die
Centralbahnwerkstätte in Olten gebaut. Als
Besonderheit waren die Lokomotiven mit
einem stehenden Kessel geliefert worden, zwischen 1882 und 1892 wurden sie aber umgebaut und erhielten einen liegenden Kessel. Der
steigende Ausflugsverkehr veranlasste dann
die Vitznau-Rigi-Bahn (VRB) weitere Dampfloks anzuschaffen, worauf dann auf die Loks
der ersten Serie verzichtet werden konnte.
1913 wurde bereits die erste Lok ausrangiert.
Bis 1937, als die ersten elektrischen Triebwagen geliefert wurden, waren dann alle bis auf
die Nr. 7 ausrangiert und abgebrochen worden. Die H 1/2 7, 1937 ebenfalls ausrangiert,
erhielt durch einen weiteren Umbau wieder
einen stehenden Kessel. Somit hatte die Lok
wieder ihr ursprüngliches Aussehen erhalten.
1939 war sie an der Schweizerische Landes-
ausstellung in Zürich zu Gast und wurde
danach als Denkmal in Vitznau aufgestellt.
1959 fand sie im Schweizerischen Verkehrs-

haus in Luzern eine neue Bleibe und diente bis
1996 als Ausstellungsobjekt in der Fahrzeugsammlung des VHS. Zum 125-jährigen Jubiläum der Vitznau-Rigi-Bahn kam die wieder aufgearbeitete H 1/2 7 auf ihrer alten
Heimatstrecke in Betrieb. Auch im Jahr 1997
– Grund war der Anlass 150 Jahre Schweizer
Bahnen – stand sie wieder im Einsatz. 2009
feierte das Verkehrshaus sein 50jähriges
Bestehen und die Lok wurde nochmals auf der
Rigibahn eingesetzt. Seit 2011 ist sie im
Besitz des VHS und dort betriebsfähig ausgestellt. Die ehemals konkurrierenden Bahnen
von Arth-Goldau (ARB) und Vitznau (VRB) auf
die Rigi fusionierten im Jahr 1992 zu den Rigi
Bahnen (RB), die als reine Zahnradbahn mit
System »Riggenbach« betrieben wird.

Betriebsnummern	7 – 10
ursprüngliche Anzahl	4
Baujahr Lok 7	1873
Erbauer	SLM
Dienstleistung	200 PS
Länge über Puffer	6400 mm
Dienstgewicht	15,1 t
Vmax	7,5 km/h
Spurweite	1435 mm

H 2/3 1 – 5 – BRB

Rechtzeitig zur Eröffnung im Jahr 1892 lieferte die SLM fünf kleine Zahnraddampflokomotiven ins Berner Oberland zur Brienz-Rothorn-Bahn (BRB). Mit dem Bau der ersten beiden Lokomotiven 1 und 2 wurde allerdings schon im Jahr 1891 begonnen. Die Dampfloks waren mit dem Zahnstangensystem »Abt« ausgerüstet und erhielten die Nummern 1 – 5. Die originale Nr. 1 wurde 1961 abgebrochen. Die heutige Lok 1 wurde für die Bahngesellschaft Glion-Naye (GN) erbaut, kam 1941 dann ins Tessin zur Ferrovie Monte Generoso und befindet sich seit 1962 auf der BRB. Die Lokomotiven 2, 3 und 4 sind seit ihrer Inbetriebnahme auf dieser knapp 7,6 km langen Bahn im Einsatz und bei der Lokomotive H 2/3 5 handelt es sich um die ehemalige H 2/3 1 der Wengernalpbahn (WAB), die seit 1911 auf der BRB im Einsatz steht. Die fünf Lokomotiven bildeten das Rückgrat des Verkehrs und auch die Anschaffung von zwei neueren Dampfloks in den 1930er Jahren sowie vier Dieselloks (ab 1973) verdrängte die in die Jahre gekommenen Loks nicht vom Dienst. Erst als in den 1990er Jahren ölgefeuerte Neubaudampflokomotiven an den Brienzersee

kamen, schieden im Jahr 1993 mit den H 2/3 3 und 4 die ersten beiden Loks aus dem Dienst. 2009 war die Lok 1 das letzte Mal im Einsatz. Seither werden sie als Ausstellungslokomotiven für Werbezwecke an diversen Orten aufgestellt. In den Wintermonaten sind sie wie alle Fahrzeuge in Brienz eingestellt. Die Lokomotiven 2 und 5 stehen heute noch im Einsatz und können auf der bis zu 25% steilen Strecke maximal einen Personenwagen hochschieben. Baugleiche resp. ähnliche Lokomotiven gibt und gab es auch bei der Ferrovie Monte Generoso, Wengernalpbahn, Schynige Platte-Bahn, Glion-Naye sowie in u.a. im Ausland. Die Fabriknummern der heutigen BRB-Lokomotiven lauten 693, 689, 719, 720 und 690.

Betriebsnummern	1 – 5
Anzahl	5
Baujahr	1891, 1892
Erbauer	SLM
Dienstleistung	230 PS
Länge über Puffer	6200 mm
Dienstgewicht	17 t
Vmax	9,5 km/h
Spurweite	800 mm

H 2/3 2 – MG

1890 wurde die Zahnradbahn (System Abt) auf den berühmten Ausflugsberg Monte Generoso, die einzige im Kanton Tessin, eröffnet. 1889 und 1890 lieferte die SLM sechs Zahnrad-Dampflokomotiven des Typs H 2/3 mit den Nummern 1 – 6 in die Südschweiz. Bei den später dazu gekommenen Lokomotiven 7, 8 und 9 handelte es sich um drei Dampflokomotiven der Glion-Naye-Bahn (GN), die aber zwischen 1954 und 1962 abgebrochen wurden. Lok 1 verschwand 1966, Lok 3 bereits 1941 und Lok 4 im Jahr 1954. 1953 und 1954 wurden die Dampfloks 5 und 6 zu Diesellokomotiven Thm 2/3 1 – 2 umgebaut, die fortan den Hauptverkehr bewältigten, ehe ab 1957 und 1967 vier Dieseltriebwagen angeschafft wurden. Erhalten geblieben ist bis heute die H 2/3 2, die bei der Ferrovoie Monte Generoso (FMG oder auch MG) 1956 ausrangiert worden war und ab 1962 in Capolago-Riva San Vitale als Denkmal mit rot-schwarzem Anstrich aufgestellt wurde. Nach der Zerlegung 1981 wurde mit der Aufarbeitung begonnen. Seit 1984 steht die Lok wieder im Einsatz. Die H 2/3 2 führt mehrmals in den Sommermonaten öffentliche Dampfzüge auf den Monte Generoso. Die Diesellok Thm 2/3 1, die ehemalige Dampflok 5, wird gelegentlich für Dienstzüge verwendet oder bei Ausfall der Dampflok (oder Fahrverbot bei sehr trockenen Sommern) als Ersatzfahrzeug herbeigezogen. Thm 2/3 2 stand lange Zeit (seit 1983) mit Motorenschaden im Depot abgestellt und wurde vor einiger Zeit abgebrochen. Bleibt noch zu erwähnen, dass die FMG damals die erste Bahn war, die den Lokomotivtyp H 2/3, der damals an diverse Zahnradbahnen geliefert wurde, erhielt. Fabriknummer der Lok ist 604.

Betriebsnummern	1 – 6
ursprüngliche Anzahl	6
Baujahr Lok 2	1890
Erbauer	SLM
Dienstleistung	230 PS
Länge über Puffer	5490 mm
Dienstgewicht	14,4 t
Vmax	9 km/h
Spurweite	800 mm

H 2/3 5 – SPB

Die Zahnradbahn auf die Schnynige Platte wurde 1893 eröffnet. Dazu lieferte die SLM sechs Dampflokomotiven des Typs H 2/3 mit den Betriebsnummern 1 – 6. Die Lok 1 wurde bereits 1891 in Betrieb gesetzt, um damit Bauzüge für den Bahnbau zu führen. Zwischen 1892 und 1894 wurden die restlichen fünf Lokomotiven geliefert. Die Fahrzeuge sind sehr ähnlich mit den damals zu dieser Zeit oft gebauten Dampfloks für Zahnradbahnen. Bereits 1913 wurde die Bahn von Wilderswil auf die Schnynige Platte elektrifiziert und die Firmen SLM und Alioth lieferten elektrische Lokomotiven dazu, was die Dampfloks überflüssig machte. Die H 2/3 2, 3, 4 und 6 wurde 1914 ausrangiert und an einen Alteisenhändler verkauft. Nach wie vor wurden aber die Dampfloks 1 und 5 für Fahrleitungsarbeiten genutzt. Lok 1 wurde 1945 außer Betrieb genommen, rostete dann jahrelang in Wilderswil vor sich hin bis sie dann schließlich 1956 verschrottet wurde. Bis heute erhalten geblieben ist die H 2/3 5. Bei der Schnynige Platte-Bahn (SPB) wird nach Betriebsende im Herbst die Fahrleitung demontiert und im Frühling wieder aufgestellt. Gerade zur Montage der Fahrleitung wurde die Lok 5 oft benutzt. Heute ist die Lok nach wie vor relativ regelmäßig im Einsatz. Mehrmals während der Saison führt die Lok Extrazüge durch die schöne Landschaft. Im Jahr 2018 feierte die Bahn ihr 125jähriges Bestehen. Die Lok, die zuvor einen roten Rahmen und ein grünes Führerhaus hatte, erstrahlt nun wieder in einem vollständig schwarzen Anstrich. Die Laufachse befindet sich, wie bei diesem Lokomotivtyp üblich, unter dem Führerhaus. Die H 2/3 5 mit der Fabriknummer 881 ist in Wilderswil stationiert und kostete bei der Beschaffung etwas mehr als Fr. 35'000.--. Die SPB ist mit dem Zahnstangensystem Riggenbach ausgerüstet. Die SPB wird wie die anderen Schmalspurbahnen im Berner Oberland von den Jungfraubahnen AG betrieben.

Betriebsnummern	1 – 6
ursprüngliche Anzahl	6
Baujahr Lok 5	1894
Erbauer	SLM
Dienstleistung	230 PS
Länge über Puffer	6050 mm
Dienstgewicht	16,7 t
Vmax	10 km/h
Spurweite	800 mm

H 2/3 6 – 7 – BRB

Die 1892 eröffnete reine Zahnradbahn von Brienz auf das Brienzer Rothorn hatte immer wieder schwere Zeiten hinter sich, so wurde z.B. der Bahnbetrieb von 1914 – 1931 komplett eingestellt, Lawinen und Unwetterschäden machten die Situation auch nicht einfacher. Doch nach der Wiedereröffnung im Jahr 1931 und den nachfolgenden Jahren stieg die Anzahl der Reisenden wieder an. Es wurde aber immer noch mit den Lokomotiven aus der Eröffnungszeitgefahren. Um dem steigenden Verkehr gerecht zu werden, schaffte die Brienz-Rothorn-Bahn (BRB) 1933 und 1936 je eine Dampflokomotive des Typs H 2/3 an, die anschlieβend an die alten Lokomotiven die Betriebsnummern 6 und 7 erhielten. Die mit den Fabriknummern 3567 (6) und 3611 (7) gebauten Lokomotiven waren zwar nicht schneller, verfügten aber doch um mehr als ein Viertel mehr Leistung. Für lange Zeit waren das die letzten angeschafften Lokomotiven für die BRB. Erst ab 1973 kamen neue Dieselloks in Betrieb, bis 1987 wurden vier davon gebaut (eine als Eigenbau). Anfang der 1990er Jahren kamen moderne ölgefeuerte Dampflokomotiven in Betrieb und verdrängten die Loks aus der Eröffnungszeit in die Reser-

ve. Heute tragen die Dieselloks und die ölgefeuerten Lokomotiven die Hauptlast des Verkehrs. Dennoch sind beide H 2/3 6 und 7 erhalten geblieben. Die Lokomotiven werden je nach Bedarf und Kapazitätsmöglichkeiten eingesetzt, gelegentlich auch nur eine Lok pro Saison. Eine Lok kostete damals bei der Anschaffung rund Fr. 67'000.--. Die Bahn fährt in der Regel von Mai bis anfangs November, ist aber auch witterungsabhängig. Das Depot der mit dem Zahnstangensystem Abt betriebenen BRB befindet sich in Brienz, wo auch alle Lokomotiven stationiert sind. Es ist schweizweit die einzige Bahnlinie, die nicht elektrifiziert ist und nicht als Museumsbahn betrieben wird.

Betriebsnummern	6 – 7
ursprüngliche Anzahl	2
Baujahr	1933, 1936
Erbauer	SLM
Dienstleistung	300 PS
Länge über Puffer	6400 mm
Dienstgewicht	20 t
Vmax	9,5 km/h
Spurweite	800 mm

H 2/3 12, 14 – 16 – BRB

1988 kam an einer Generalversammlung die Idee auf, neue Zahnrad-Dampflokomotiven anzuschaffen, die wirtschaftlich zu betreiben sind. Entgegen der üblichen Kohlefeuerung sollten diese Dampflokomotiven mit schwefelarmem Heizöl betrieben werden. So lieferte de SLM acht solcher ölgefeuerten Dampflokomotiven an die Brienz-Rothorn-Bahn (BRB), an die Montreux-Glion-Rochers-de-Naye (MTGN) sowie die österreichische Schafbergbahn. 1992 wurden die ersten drei Lokomotiven an die Schafbergbahn (999.201), an die BRB (H 2/3 12) sowie an die MTGN (H 2/3 1) ausgeliefert. Die Dampflokomotiven wurden vor allem deshalb angeschafft, weil auf der BRB die Fahrgastzahlen bei Dieselbetrieb rückläufig waren. Die Dampflokomotiven funktionierten einwandfrei und waren kostengünstiger, da sie von einer Person allein bedient werden können. 1996 sollten dann die allerletzten fünf Dampflokomotiven der SLM gebaut werden: drei weitere Lokomotiven gingen zur Schafbergbahn (999.202 – 204) sowie zwei Maschinen zur BRB, wo sie als H 2/3 14 und 15 bezeichnet wurden. Die H 2/3 1 führte bis 2005 Dampfzüge zwischen Glion und dem Rochers-de-Naye. Die Bahn wollte sich dann aber doch vom Dampfbetrieb trennen und die

H 2/3 1 konnte von der Brienz-Rothorn-Bahn übernommen werden, die sie als H 2/3 16 in Betrieb setzte. Wie bei anderen Bahnen auch wurde auf ein Fahrzeug mit der Nummer 13 verzichtet. Der Öltank einer solchen Lok fasst rund 560 Liter, für eine Berg- und Talfahrt (BRB) werden gut 180 Liter Öl verbraucht. Alle acht Lokomotiven sind mit dem Zahnradsystem Abt ausgerüstet, die Schafbergbahn am Wolfgangsee in Österreich hat allerdings eine Spurweite von 1000 mm. Die Fabriknummern der in der Schweiz verkehrenden Loks sind 5456 (12), 5689 (14), 5690 (15) und 5457 (16). Wie auch auf der Schafbergbahn tragen auf der BRB die ölgefeuerten Dampflokomotiven die Hauptlast des Ausflugsverkehrs.

Betriebsnummern	12, 14 – 16
ursprüngliche Anzahl	4 (CH)
Baujahr	1992, 1996
Erbauer	SLM
Dienstleistung	410 PS
Länge über Puffer	6500 mm
Dienstgewicht	15,7 t
Vmax	12 km/h
Spurweite	800 mm

H 2/3 16 – 17 – RB

Nachdem ältere Dampfloks auf der damaligen Vitznau-Rigi-Bahn (VRB, älteste Zahnradbahn der Schweiz) ausrangiert oder verkauft wurden, beschaffte die Bahn drei Dampflokomotiven, mit welchen sie in der Lage waren, zwei Wagen die steile Strecke hinauf auf die Rigi zu führen. Die H 2/3 15 – 17 wurden 1913, 1923 und 1925 durch die SLM mit den Fabriknummern 2352, 2871 und 3043 erbaut. Die Lok H 2/3 15 (ursprünglich wurden die Loks auch nur als H bezeichnet) wurde bereits 1941 abgebrochen. 1937 wurde die Bahn elektrifiziert und neue Fahrzeuge (elektrische Triebwagen) angeschafft, dennoch kamen beide noch verbliebenen Dampfloks 16 und 17 an Spitzentagen immer wieder zum Einsatz. Ab 1969 wurden beide Dampfloks einer Totalrevision unterzogen, um für das große Jubiläum »100 Jahre VRB« im Jahr 1971 wieder fit zu sein. Die beiden Dampflokomotiven sind nach wie vor noch vorhanden und werden zu bestimmten Anläs-

sen auch gerne eingesetzt. Stationiert sind sie in Vitznau, kommen aber auch, wenn nicht allzu oft, auf dem Ast von Arth-Goldau hinauf zur Bergstation (Rigi Kulm) zum Einsatz. Die Laufachse der Loks befindet sich direkt unter dem Führerstand, die anderen beiden Achsen sind miteinander verbunden und das Getriebe nach dem System Riggenbach ausgerüstet. Trugen die Lokomotiven früher die Anschriften VRB, sind sie heute mit RB (Rigi-Bahnen) beschriftet.

Betriebsnummern	16 – 17
Ursprüngliche Anzahl	3
Baujahre 16, 17	1923, 1925
Erbauer	SLM
Dienstleistung	460 PS
Länge über Puffer	7050 mm
Dienstgewicht	24,3 t
Vmax	9 km/h
Spurweite	1435 mm

HG 2/3 6 – 7 – DFB

1890 wurde mit dem Bau der Bahnlinie von Visp nach Zermatt begonnen, der 1891 vollendet werden konnte. Ab 1890 lieferte die SLM vier Dampflokomotiven des Typs HG 2/3 mit den Nummern 1 – 4 an die Visp-Zermatt-Bahn (VZ). Weil die Lokomotiven vollends überzeugten und der Verkehr ständig zunahm, wurden zwischen 1892 und 1908 nochmals vier weitere, sich in einigen Details unterscheidende Lokomotiven (5 – 8) gebaut. Alle acht Lokomotiven wurden auf den Namen von Bergen, welche sich um Zermatt befinden getauft. Sechs Lokomotiven (alle außer 1 und 4) wurden noch auf Heißdampf umgebaut. Die Lokomotiven, bei denen sich die Laufachse unter dem Führerstand befindet, erledigten zuverlässig ihre Dienste, bis die VZ im Jahr 1930 elektrifiziert wurde und neue Triebfahrzeuge angeschafft wurden. Schon 1929 konnten die ersten fünf Lokomotiven (1 – 5) ausrangiert und abgebrochen werden, Lok 8 folgte dann im Jahr 1935. Erhalten geblieben sind bis heute die Lokomotiven 6 (Fabriknummer 1410) und Lok 7 (Fabriknummer 1725). Die HG 2/3 6 mit dem Namen »Weisshorn« ging nach ihrer Ausrangierung im Jahr 1941 an die Ems Chemie und diente dort als Werklokomotive bis 1965. Danach wurde sie endgültig ausrangiert und beim Herold-Schulhaus in Chur als Denkmal aufgestellt. 1988, als Geschenk der Schuljugend in Chur an den Verein Furka-

Bergstrecke (DFB) gegeben, wurde sie ab 1989 revidiert und konnte 1990 als erste Dampflok des Vereins in Betrieb genommen werden. Die HG 2/3 7 »Breithorn« wurde bei der Brig-Visp-Zermatt-Bahn (BVZ, früher VZ und heute MGB) als Reserve behalten und diente jahrelang als einziges fahrdrahtunabhängiges Triebfahrzeug, das über einen Zahnradantrieb (System Abt) verfügt. 2002 wurde zwar eine Diesellok angeschafft, dennoch blieb die »Breithorn« erhalten und führte gelegentlich Dampfzüge auf der MGB-Strecke nach Zermatt. Seit 2010 befand sich die HG 2/3 7 als Leihgabe der MGB ebenfalls beim DFB. Durch einen Tausch mit einer historischen Elektrolokomotive ist nun der DFB auch Besitzer der HG 2/3 7. Beide Loks sind normalerweise in Gletsch stationiert und kommen regelmäßig zwischen Realp DFB und Oberwald zum Einsatz.

Betriebsnummern	1 – 8
ursprüngliche Anzahl	8
Baujahre Loks 6 und 7	1802, 1906
Erbauer	SLM
Dienstleistung	245 PS
Länge über Puffer	7724 mm
Dienstgewicht	31 t
Vmax	30 km/h (Zahnrad 15 km/h)
Spurweite	1000 mm

HG 3/3 1058, 1063, 1067, 1068 – BDB, VHS, Denkmal

Als zweite Generation von »Berglokomotiven« für die Brüniglinie mit ihren Zahnradabschnitten (System Riggenbach) lieferte die SLM ab 1905 in sieben Tranchen 18 Zahnraddampflokomotiven des Typs HG 3/3 mit den Betriebsnummern 1051 – 1068 an die schmalspurige Brünigbahn. Die letzte Lokomotive allordings wurde erst 1926 geliefert. Damit konnte auf der Bergstrecke zwischen Giswil und Meiringen im Gegensatz zu den zuvor gelieferten Lokomotiven die Leistung und Anhängelast merklich gesteigert werden. Bis zur Elektrifizierung im Jahr 1941 standen die Lokomotiven auf dieser landschaftlich reizvollen Strecke im Einsatz, danach wurden sie überflüssig und laufend ausrangiert. Die Loks 1055 und 1058 wurden nach Griechenland verkauft. Dort wurde ihnen das Zahnradtriebwerk ausgebaut und sie standen noch einige Jahre im Einsatz. Anfangs der 1950er Jahre standen noch die Lokomotiven 1053 sowie die 1063 bis 1068 im Einsatz. Sie wurden hauptsächlich als Rangierlokomotiven genutzt oder bewältigten Schwertransporte auf der angrenzenden Meiringen-Innertkirchen-Bahn (MIB) für den Bau der Grimsel Kraftwerke. Es kam aber auch zu Einsätzen auf der benachbarten Berner-Oberland-Bahn (BOB). Doch bis Mitte der 1960er Jahre war dann endgültig Schluss. Bis auf drei Lokomotiven wurden alle Lokomotiven in der Schweiz abgebrochen. Die HG 3/3 1063 wurde dem Ver-

kehrshaus geschenkt, wo sie noch heute, seitlich aufgeschnitten, als Ausstellungs- und Demonstrationsobjekt bewundert werden kann. Lok 1067 führt seit 1972 nach wie vor für die Ballenberg-Dampfbahn (BDB) Dampfzüge auf der Brüniglinie oder gelegentlich auch auf der MIB. Die Lok 1068 stand ab 1966 als Denkmal beim Bahnhof Meiringen und wurde im Jahr 2000 durch denselben Verein vom Sockel geholt; die Aufarbeitung ist im Gange. Die Lokomotiven sind in Interlaken Ost stationiert. Die 1058 in Griechenland existiert ebenfalls noch und steht in Volos. Die Berner Oberland-Bahnen besaßen vier baugleiche Dampfloks, die im Zeitraum von 1950 – 1964 verschrottet wurden. Die Fabriknummern der Loks sind 1912 (1058), 1993 (1063), 2083 (1067) und 3134 (1068).

Betriebsnummern	1051 – 1068
Ursprüngliche Anzahl	18
Baujahre Loks 1058, 1063, 1067, 1068	1908, 1909, 1910, 1926
Erbauer	SLM
Dienstleistung	ca. 400 PS
Länge über Puffer	7540 mm
Dienstgewicht	32 t
Vmax	40 km/h (Zahnrad 16 km/h)
Spurweite	1000 mm

HG 3/4 1, 3, 4 und 9 – DFB, BC

1913 und 1914 lieferte die Schweizerische SLM in zwei Serien zehn Dampflokomotiven des Typs HG 3/4 an die damalige Brig-Furka-Diesentis-Bahn (DFB). Die Dampflokomotiven mit drei angetriebenen Achsen und einer Laufachse waren mit dem Zahnradantrieb System Abt ausgestattet, um auf den diversen Zahnradabschnitten zwischen Brig und Disentis mit einer Leistung von bis zu 440 kW die Züge befördern zu können. Die Lokomotiven bewährten sich gut und standen bis zur vollständigen Elektrifizierung im Jahr 1941 im Einsatz. Mit der Anschaffung von elektrischen Lokomotiven und Triebwagen wurden die Dampfloks überflüssig und konnten verkauft werden. Loks 1, 2, 8 und 9 gelangten 1948 nach Vietnam. Lok 5 wurde noch in Brig verschrottet, Loks 6 und 7 im Jahr 1952 in Frankreich abgebrochen. Lok 10 verunfallte im Jahr 1965 schwer und wurde nicht wieder repariert. Lok 3 ging zur Westschweizer Museumsbahn BC, wo sie mit ausgebautem Zahnradantrieb heute noch in Betrieb steht. Lok 4 verblieb in ihrer Heimat und ist heute auf der Furka-Bergstrecke im Einsatz, kommt aber gelegentlich auch auf dem restlichen Netz der MGB vor Dampfzügen zum Einsatz (im Jahr 2010 wurde die Lok von der MGB der DFB als Geschenk überlassen). Große

Beachtung fand die beispiellose Aktion »Back to Switzerland«, als die vier nach Vietnam verkauften Lokomotiven 1990 mit zwei anderen Dampflokomotiven wieder zurück in die Schweiz gebracht wurden. Als erstes wurde Lok 1 im Meiningen (D) wieder aufgearbeitet und 1993 auf der DFB wieder in Betrieb genommen. Mit diversen Teilen der Loks 2 und 8 wurde eine zweite Lok hergerichtet, die HG 3/4 9. Beide Lokomotiven trugen den typischen blauen DFB-Anstrich (Lok 9 ist unterdessen wieder schwarz gestrichen) und führen Dampfzüge zwischen Realp und Oberwald über die alte Bergstrecke. Somit sind von dieser Serie immerhin vier Loks komplett erhalten und stehen regelmäßig in Betrieb.

Betriebsnummern	1 – 10
Ursprüngliche Anzahl	10
Baujahr Loks 1, 3, 4 und 9	1913, 1914
Erbauer	SLM
Dienstleistung	598 PS
Länge über Puffer	8750 mm
Dienstgewicht	42 t
Vmax	45 km/h (Zahnrad 20 km/h)
Spurweite	1000 mm

Foto: Martin Horath

HG 4/4 704, 708 – DFB

Ab 1923 baute die SLM in Winterthur fünf vierachsige Dampflokomotiven, die 1924 über Frankreich ins damalige Indochina geliefert wurden. 1929 baute die Maschinenfabrik Esslingen nach Plänen der SLM zwei weitere Dampflokomotiven, 1930 kamen, wiederum durch die Schweizerische SLM geliefert, nochmals zwei Maschinen hinzu. Die als 701 – 709 bezeichneten Lokomotiven kamen in Vietnam auf der Bahnlinie von Da Lat nach Krong Pha, die über Zahnradabschnitte System Abt verfügte, zum Einsatz. Vier Lokomotiven gingen im zweiten, chinesisch-japanischen Krieg verloren. Die restlichen fünf Lokomotiven, die ab 1947 neue Nummern erhielten (302, 303, 304, 306 und 308), standen noch bis zum Beginn des Vietnamkriegs im Einsatz. Den Krieg überlebten nur noch die Lokomotiven 304, 306 und 308. Mit einigen Unterbrechungen wegen des Krieges wurde der Betrieb bis 1975 aufrechterhalten, dann jedoch eingestellt. Seit 1990 findet auf den letzten 8 km vor Da Lat ein Museumsbetrieb mit Diesellokomotiven statt. Im selben Jahr konnten die beiden Lokomotiven 304 (Fabriknummer 2940, SLM) und 308 (Fabriknummer 3413, SLM) in die Schweiz rücküberführt werden. Bei dieser beispiellosen Aktion wurden auch HG-3/4-Dampflokomotiven der FO in die Schweiz zurückge-

holt. Erst im Jahr 1998 kamen noch Teile (Rahmen, Fahrwerk, Zahnradantrieb) der Lok 306 zurück in die Schweiz. Die Lokomotiven waren an mehreren Orten (Altdorf, Chur, Uzwil) abgestellt. Als erstes wurde mit der Aufarbeitung der 304 begonnen, die im Jahr 2018 abgeschlossen werden konnte. Die Lok führte im Herbst 2018 zahlreiche Testfahrten auf der vereinseigenen Furka-Bergstrecke durch. Ab 2019 soll die perfekt aussehende Maschine im Plandienst stehen. Sie wird heute wieder als 704 bezeichnet. Die Loks standen nie in der Schweiz im Einsatz. Dennoch sprach man immer von den HG 4/4, wie die Loks hierzulande bezeichnet werden. Die 308 steht nach wie vor in Uzwil und soll bei genügend vorhandenen Kapazitäten ebenfalls aufgearbeitet werden.

Betriebsnummern	701 – 709
ursprüngliche Anzahl	9
Baujahre Loks 704 und 708	1923, 1930
Erbauer	SLM, Esslingen
Dienstleistung	800 PS
Länge über Puffer	8950 mm
Dienstgewicht	45,9 t
Vmax	40 km/h (15 km/h Zahnrad)
Spurweite	1000 mm

Xrotd 9212 – DFB

Die positiven Erfahrungen der Berninabahn (BB) mit den beiden Dampfschneeschleudern Xrotd 9213 und 9214 veranlasste die RhB, ebenfalls zwei ähnliche Fahrzeuge für die Schneeräumung anzuschaffen. So lieferte die SLM zwei Dampfschneeschleudern, die die Bezeichnung R 11 und R 12 (Fabriknummern 2398 und 2399) erhielten, an die Rhätische Bahn (RhB). Weil aber die RhB bereits damals schon über genug Fahrzeuge verfügte, die für diese beiden Schneeschleudern als Schubfahrzeuge in Frage kamen, wurde auf selbstfahrende Fahrzeuge verzichtet. Allerdings besaß das vordere zweiachsige Drehgestell einen kleinen Hilfsantrieb, der für kürzere Manöver genutzt werden konnte. Somit konnte als Vorteil die gesamte Kesselleistung dem Schleuderbetrieb zur Verfügung stehen. 1954 wurden die beiden Fahrzeuge in Xrotd 9211 und 9212 umbezeichnet. Die meistens in Samedan und Davos stationierten Fahrzeuge leisteten bis in die sechziger Jahre wertvolle Dienste für die Schneeräumung auf den Linien der RhB. Doch als neue und leistungsfähigere Schneeschleudern angeschafft wurden, konnte auf die beiden Oldtimer, die im Betrieb doch recht aufwendig waren, verzichtet werden. Die 9211 wurde noch im Jahr 1966 ausrangiert und abgebrochen. Die 9212 hielt sich noch bis 1968 im Dienst und

wurde dann ebenfalls aus dem Betrieb genommen. Sie kam 1970 noch zu der damals jungen Museumsbahn Blonay – Chamby in der Westschweiz und gelangte aber 1996 im Tausch mit der Bernina-Schneeschleuder Xrotd 9214 an den Dampfverein Furka-Bergstrecke

Foto: Matthias Pioch

(DFB) und war längere Zeit in Gletsch remisiert. Nachdem sie nach Goldau überführt wurde, begann eine Privatperson mit deren Aufarbeitung, die in naher Zeit bald vollendet sein soll.

Betriebsnummern	R 11 und R 12 (später 9211 und 9212)
ursprüngliche Anzahl	2
Baujahr	1913
Erbauer	SLM
Dienstleistung	ca. 600 PS
Länge über Puffer	14410 mm
Dienstgewicht	58,2 t
Vmax	12 km/h (im Schleuderbetrieb)
Spurweite	1000 mm

Xrotd 9213 - 9214 - RhB, BC

Weil schon früh bei der damaligen Bernina-bahn (BB, heute RhB) der Ganzjahresbetrieb eingeführt wurde, bestellte die BB bei der SLM zwei Dampfschneeschleudern des Typs Xrotd mit Tender. 1910 und 1912 wurde je eine Maschine mit den Fabriknummern 2149 und 2299 geliefert. Die beiden ursprünglich als G 2x 3/3 1051 und 1052 bezeichneten Fahrzeuge erhielten bei der Übernahme der BB durch die RhB die Nummern R 13 und 14, später dann ihre heutigen Nummern 9213 und 9214. Das Fahrzeug besteht aus einem imposanten Schleuderrad mit einem Durchmesser von 2,5 Metern, dem Fahrzeugkasten mit Holzaufbau sowie einem zweiachsigen Tender. Die maximale Drehzahl des Schleuderrads beträgt 170 U/min und mit den seitlich ausfahrbaren Flügeln kann die Schleuder einen Räumweg von bis zu 3,5 Meter Breite von Schneemassen befreien. Die beiden Schneeschleudern waren in Pontresina und Poschiavo stationiert. Erst als 1967 modernere Schneeschleudern angeschafft wurden, konnte auf die Dienste der beiden Fahrzeuge mehrheitlich verzichtet werden und sie kamen in die Reserve. Die 9213 blieb bis heute auf dem Netz der RhB, ist nach wie vor in Pontresina stationiert und wird im Winter

gelegentlich für Fotofahrten angeheizt und über die Strecke gefahren. Die 9214 kam 1968 nach Landquart und gelangte dann nach ihrer Ausrangierung 1990 an den Dampfverein Furka-Bergstrecke (DFB). 1996 wurde sie gegen die Xrotd 4/4 9212 der Westschweizer Museumsbahn Blonay – Chamby (BC) getauscht. Sie steht heute als Ausstellungsstück im Museum Chaulin und gelegentlich wird zu Demonstrationszwecken das Schleuderrad gedreht. Für den Betrieb dieser Dampfschnee-schleuder sind drei Personen nötig: zwei Lok-führer (einer bedient das Schleuderrad, der andere ist für das Fahren des Fahrzeugs zuständig) sowie einen Heizer.

Betriebsnummern	9213 – 9214 (früher 1051 – 1052)
ursprüngliche Anzahl	2
Baujahr	1910, 1912
Erbauer	SLM
Dienstleistung	582 PS
Länge über Puffer	13865 mm
Dienstgewicht	63,5 - 64 t
Vmax	36 km/h (12 km/h im Schleuderbetrieb)
Spurweite	100 mm

Xrotm 100 SBB – Historic

1896 lieferte die Firma Henschel & Sohn aus Kassel (D) diese imposante Dampfschneeschleuder an die Gotthardbahn mit der Fabriknummer 4309. Eigentlich wollte die damalige Gotthardbahn (GB) die Dampfschneeschleuder bei der SLM kaufen, diese musste aber aus Kapazitätsgründen den Auftrag ablehnen. Das »Rotary« genannte Fahrzeug war nicht selbstfahrend, als Schubfahrzeuge kamen diverse Lokomotivtypen, wie z.B. auch die legendären Krokodil-Lokomotiven oder C-5/6-Dampfloks, zum Einsatz. Der zur Versorgung von Wasser und Kohle dienende Schlepptender stammte von einer abgebrochenen D-3/3-Dampflok. Die Dampfschneeschleuder verrichtete zuverlässig ihre Dienste und mit ihrem beinahe drei Meter Durchmesser großen Schleuderrad konnten beachtliche Schneemengen beseitigt werden. Stationiert war die »Rotary« in Erstfeld. Zwischen 1967 und 1982 beschaffte die SBB

neue Schneeschleudern, was die Xrotm 100 entbehrlich machte. 1975 stand sie ein letztes Mal im aktiven Einsatz, danach wurde sie noch dreimal, allerdings zu Demonstrationszwecken, angeheizt. 1982 nach äußerlicher Auffrischung durch das Depot Erstfeld, wurde das historisch wertvolle Fahrzeug ins Verkehrshaus überstellt und genießt dort ihren Lebensabend. Der Tender wiegt 26,3 t.

Betriebsnummern	100
ursprüngliche Anzahl	1
Baujahr	1895
Erbauer	Henschel, Kassel
Dienstleistung	800 PS
Länge über Puffer	17172 mm
Dienstgewicht	88,8 t
Vmax	45 km/h
Spurweite	1435 mm

T 2/2 und T 3/3 – Dampfspeicher-lokomotiven in der Schweiz

In der Schweiz spielten Dampfspeicherlokomotiven seit jeher eine untergeordnete Rolle und waren in der Industrie als Werklokomotiven nie so stark vertreten, wie zum Beispiel in Deutschland. Zurzeit gibt es schweizweit noch zehn Dampfspeicherlokomotiven, eine elfte Lok, die früher in der Schweiz im Einsatz war, befindet sich heute in Frankreich. Die schweizerische SLM erbaute insgesamt 23 Dampfspeicherlokomotiven, die in die Schweiz, nach Frankreich,

nach Deutschland, nach Russland sowie in die heutige Ukraine geliefert wurden. Im Gegenzug wurden elf in Deutschland (O&K, Jung, Meiningen) gebaute Dampfspeicherlokomotiven in die Schweiz geliefert. Die meistens Dampfspeicherlokomotiven wurden durch Dieseltraktoren abgelöst.

Eine Übersicht der Dampfspeicherlokomotiven (auch feuerlose Lokomotiven genannt) in der Schweiz:

Bezeichnung	T 2/2
Betriebsnummer	2 (Name Heinrich)
Baujahr	1905
Erbauer	Jung
Fabriknummer	911
Länge über Puffer	5850 mm
Dienstgewicht	17,5 t
Vmax	30 km/h
Spurweite	1435 mm
frühere Besitzer	Stickerei Heine, Saurer Arbon, Viscosuisse Emmenbrücke
aktueller Besitzer	privat
Standort	Berikon, Restaurant Stalden (als Denkmal)

Bezeichnung	T 2/2
Betriebsnummer	2
Baujahr	1953
Erbauer	Jung
Fabriknummer	11795
Länge über Puffer	7900 mm
Dienstgewicht	25,8 t
Vmax	30 km/h
Spurweite	1435 mm
frühere Besitzer	Viscosuisse / Setila Heerbrugg, Privatbesitz
aktueller Besitzer	Sieber Transporte
Standort	Widnau

Bezeichnung	T 2/2
Betriebsnummer	2
Baujahr	1917
Erbauer	SLM
Fabriknummer	2593
Länge über Puffer	7620 mm
Dienstgewicht	25,9 t
Vmax	30 km/h
Spurweite	1435 mm
frühere Besitzer	Lonza Visp, später Denkmal im Verkehrshaus
aktueller Besitzer	Lonza AG
Standort	Visp (als Denkmal)

Bezeichnung	T 2/2
Betriebsnummer	keine
Baujahr	1903
Erbauer	Jung
Fabriknummer	668
Länge über Puffer	5700 mm
Dienstgewicht	10,9 t
Vmax	30 km/h
Spurweite	1435 mm
frühere Besitzer	privat, Brauerei Cardinal (ex Salmenbräu) Rheinfelden
aktueller Besitzer	privat
Standort	Rheinfelden (als Denkmal)

Bezeichnung	T 2/2
Betriebsnummer	1
Baujahr	1932
Erbauer	SLM
Fabriknummer	3566
Länge über Puffer	7850 mm
Dienstgewicht	21,5 t
Vmax	40 km/h
Spurweite	1435 mm
frühere Besitzer	Gaswerk Zürich (GWZ)
aktueller Besitzer	privat
Standort	Schlieren

Bezeichnung	T 2/2
Betriebsnummer	keine, Name »Papi«
Baujahr	1910
Erbauer	SLM
Fabriknummer	2097
Länge über Puffer	5140 mm
Dienstgewicht	14 t
Vmax	30 km/h
Spurweite	1435 mm
frühere Besitzer	usine de gaz Lausanne, Renens VD (Gaswerk)
aktueller Besitzer	Bahnmuseum Kerzers
Standort	Kallnach

Bezeichnung	T 2/2
Betriebsnummer	1
Baujahr	1898
Erbauer	SLM
Fabriknummer	1141
Länge über Puffer	5140 mm
Dienstgewicht	14 t
Vmax	30 km/h
Spurweite	1435 mm
frühere Besitzer	Gaswerk Winterthur, Privatbesitz, Technorama
aktueller Besitzer	privat
Standort	Neuenhof AG (als Denkmal)

Bezeichnung	T 3/3
Betriebsnummer	380 001
Baujahr	1987
Erbauer	Raw Meiningen
Fabriknummer	03147
Länge über Puffer	9840 mm
Dienstgewicht	50 t
Vmax	30 km/h
Spurweite	1435 mm
frühere Besitzer	Chemiekombinat Bitterfeld
aktueller Besitzer	DLM AG
Standort	Schaffhausen (betriebsfähig?)

Bezeichnung	T 3/3
Betriebsnummer	380 002
Baujahr	1987
Erbauer	Raw Meiningen
Fabriknummer	01360
Länge über Puffer	9840 mm
Dienstgewicht	50 t
Vmax	30 km/h
Spurweite	1435 mm
frühere Besitzer	Likörfabrik Zahna, Museumsbahn Ostfriesland
aktueller Besitzer	DLM AG
Standort	Schaffhausen (betriebsfähig)

Bezeichnung	T 3/3
Betriebsnummer	5
Baujahr	1959
Erbauer	Jung
Fabriknummer	13254
Länge über Puffer	8800 mm
Dienstgewicht	55 t
Vmax	35 km/h
Spurweite	1435 mm
frühere Besitzer	u.a. Martinswerk Bergheim
aktueller Besitzer	DLM AG
Standort	Schaffhausen

Bezeichnung	T 2/2
Betriebsnummer	(58)
Baujahr	1958
Erbauer	Jung
Fabriknummer	13008
Länge über Puffer	8000 mm
Dienstgewicht	33,7 t
Vmax	30 km/h
Spurweite	1435 mm
frühere Besitzer	Cellulosefabrik Attisholz
aktueller Besitzer	Commune de Saintes, Frankreich (?)
Standort	Saintes (F)

Feuerlose Dampflokomotiven kamen in der Schweiz hauptsächlich bei Firmen, die mit chemischen Stoffen arbeiteten, zum Einsatz. Die meisten Dampfspeicherlokomotiven, die in der Schweiz im Einsatz standen, wurden entweder von der SLM oder der Firma Jung in Jungenthal geliefert. Eine Idee der Firma DLM (Dampflok- und Maschinenfabrik Winterthur), Dampfspeicherlokomotiven wieder vermehrt in der Industrie einzusetzen, ließ sich bis heute nicht realisieren.

WEITERE INTERESSANTE BÜCHER ZUM THEMA

128 Seiten, 117 Abbildungen,
Format 140 x 205 mm
ISBN 978-3-613-71560-8
€ 12,– / € (A) 12,40

128 Seiten, 122 Abbildungen,
Format 140 x 205 mm
ISBN 978-3-613-71462-5
€ 12,– / € (A) 12,40

128 Seiten, 81 Abbildungen,
Format 140 x 205 mm
ISBN 978-3-613-71465-6
€ 12,– / € (A) 12,40

128 Seiten, 119 Abbildungen,
Format 140 x 205 mm
ISBN 978-3-613-71489-2
€ 12,– / € (A) 12,40